全国高等职业教育规划教材

工程机械电器检测

李彩锋　主编
李文耀　主审

化学工业出版社

·北京·

内 容 提 要

本书是工程机械类校企合作、工学结合系列教材之一，以完成工程机械电器技术服务与检测的工作任务为驱动，主要介绍工程机械各电器设备的电器元件的结构、工作原理、性能特点、检测方法。对不同厂家、不同类型工程机械电器元件的工作原理、常见故障、检测方法、排故流程等方面的知识进行分析，内容具有较强的实用性和针对性。同时增加完成工程机械电器设备检测排故任务时所涉及的强电安全作业知识，具有市场应用的前瞻性。为方便教学，配套电子课件。

本书可作为高职高专院校工程机械运用与维护、工程机械技术服务与营销、公路机械化施工等专业的教材，工程机械使用人员培训教材，也可供其他相关专业及有关技术人员学习参考。

图书在版编目（CIP）数据

工程机械电器检测/李彩锋主编． —北京：化学工业
出版社，2013.7（2023.2重印）
全国高等职业教育规划教材
ISBN 978-7-122-17295-2

Ⅰ.①工… Ⅱ.①李… Ⅲ.①工程机械-电器-检测-
高等职业教育-教材 Ⅳ.①TH2

中国版本图书馆 CIP 数据核字（2013）第 093586 号

责任编辑：韩庆利　　　　　　　　　　　文字编辑：杨 帆
责任校对：边 涛　　　　　　　　　　　装帧设计：尹琳琳

出版发行：化学工业出版社（北京市东城区青年湖南街 13 号　邮政编码 100011）
印　　装：涿州市般润文化传播有限公司
787mm×1092mm　1/16　印张 12½　字数 307 千字　　2023 年 2 月北京第 1 版第 5 次印刷

购书咨询：010-64518888　　　　　　　　售后服务：010-64518899
网　　址：http://www.cip.com.cn
凡购买本书，如有缺损质量问题，本社销售中心负责调换。

定　　价：36.00 元　　　　　　　　　　　　　　　　　版权所有　违者必究

前　言

随着电子工业的迅速发展，电子技术在工程机械上的应用越来越广泛，工程机械用电子装置的新产品不断涌现（交流发电机、集成电路调节器、微处理器、电磁阀等），极大提高施工作业的质量。为保证工程机械的经济性、安全性和设备的完好率，要求从事工程机械售后技术服务人员，掌握有关工程机械电器与电子设备的结构、原理、性能与维护方面的知识，具有熟练拆卸、安装、检测故障元件，并正确排除故障的操作技能。

本书是为提高高等职业教育教学质量，适应高职院校课程教学改革的需要而编写，力图做到工学结合、理实一体的教学模式，并在维修企业调研及毕业生跟踪调查的基础上，结合工程机械售后技术服务岗位群的能力要求，立足于学生实际操作能力的培养。

本书以工程机械售后技术服务人员，诊断工程机械电器系统故障与排除工作任务应具备知识要求，编写相关的理论知识；以工作情境的具体步骤、检测方法、排故流程组织实践教学内容，使理论与实践融为一体。同时结合工程机械电器系统中的典型案例具体分析，让学生在完成具体电器系统故障检测、排除的工作任务中，学会相关理论知识，培养实际操作能力，并构建满足工程机械技术要求的设计、创新及职业发展能力，从而更好地适应公路施工与养护、机械销售及售后服务工作领域的设备维护及售后技术服务工作。

本书的特点概括如下：

1. 以完成工程机械电器维修工作任务为驱动

把排除工程机械在实际作业中的电器故障作为工作任务，并以完成任务编写相应的理论知识、检测方法及操作流程等。

2. 加强实用性，突出以学生为主体

教材内容的选取以工程机械电器维修岗位所必需的基本理论、基础知识为主，并增加各厂家电器系统图，以加强实用性。实践操作则面向岗位要求，围绕不同类型机械的电器故障进行。

3. 注重学生学习能力的培养

本书力求通俗、简洁，且电路分析具体，有利于学生自学。每个任务后配有习题，既检验学习效果，又锻炼学生自主学习及分析、创新能力。

4. 注重实用性

为了及时反映不同厂家、不同类型工程机械电气控制技术的发展，本书编写过程中，参阅了大量工程机械技术培训资料，并在与各企业工程技术人员讨论、研究的同时，注意把作者多年的教学、生产、培训及教学改革的成果融入书中，加强针对性与实用性，以适应培养与社会和市场对接的优秀人才需要。

本书由山西交通职业技术学院李彩锋高级工程师担任主编，工程机械系主任、副教授李文耀主审。参加编写工作的有：李彩锋（项目1、项目2、项目6、项目7），程红玫（项目3的任务1、任务2），杨文刚（项目3的任务3、任务4），张少华（项目5的任务2、任务3），山西沃源建筑设备有限公司售后技术服务培训师王清文（项目4），山西通宝工程机械销售公司高级工程师史成仁（项目5的任务1），全书由李彩锋高级工程师统稿。本书在编写过程中，得到山西沃源建筑设备有限公司技术服务工程师霍继谦、白旭东，山西通宝工程机械销售公司总经理助理郭晋刚的大力支持，在此表示感谢。

本书有配套电子课件，可赠送给用本书作为授课教材的院校和老师，如有需要，可发邮件到 hqlbook@126.com 索取。

由于编者水平有限，书中难免有不妥之处，恳请使用本书的教师、学生以及专业人员批评指正。

编者

目 录

绪 论

工程机械中的电器元件是机械的重要组成部分，其性能的好坏直接影响机械的动力性、经济性、可靠性及施工质量。因此《工程机械电器检测》是以工程机械构造、电工与电子学为基础，讲述工程机械供电电源、用电设备、检测设备的结构、原理、技术应用及故障排除等内容的一门专业核心课程，其组成可划分为：

（1）电源　由蓄电池、发电机、电压调节器组成。

（2）用电设备　由启动机、照明、信号、仪表、报警装置、辅助电器（如电动刮水器、预热装置）及空调、传感器等组成。

（3）配电设备　由各类型开关、熔断器、导线等组成。

工程机械的基本电路如图 0-0-1 所示。

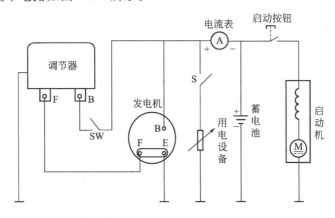

图 0-0-1　工程机械的基本电路

由工程机械的基本电路可知，工程机械电器的使用特点：

（1）低压　工程机械电器元件的额定电压一般有两种，12V 和 24V。通常汽油机用 12V，柴油机则多用 24V，但也有工程机械存在两种电压系统，如启动机为 24V，其他电器为 12V。

（2）直流　工程机械发动机是靠启动机启动，且由蓄电池供电，而向蓄电池充电又必须用直流电，所以工程机械上的电器均采用直流电源系统。

（3）并联　工程机械上的用电设备均采用并联连接，以防某一电器出现故障时，影响其他电器的正常使用。

（4）负极搭铁、单线制　工程机械从电源到所有用电设备只用一根导线（火线）连接，另一根导线则由工程机械的车体、发动机的机体代替，作为电器回路。

采用单线制时，蓄电池的一个电极接到车体上，俗称"搭铁"。若蓄电池的负极与车体相连，则称为负极搭铁；若蓄电池的正极与车体相连，则称为正极搭铁。按我国国标规定，国产机械采用负极搭铁。

项目1

▣ 工程机械电源系统的故障检测与排除

【知识目标】

1. 能描述蓄电池、电压调节器、发电机的结构及其工作过程。
2. 能说出各电器元件端子的作用，并能检测元件的技术性能。
3. 能描述各种类型电源电路的工作原理。
4. 能描述元件的正确使用和维护方法。
5. 能描述电源系统常见的故障现象。
6. 能分析常见故障原因。

【能力目标】

1. 能就车识别电源系统中的电器元件。
2. 会使用检测仪器、仪表。
3. 能正确维护蓄电池，并会给蓄电池补充充电。
4. 能正确判断发电机的好坏。
5. 能读懂不同类型的电源系统电路图。
6. 能根据电源系统中出现的故障现象，分析故障原因。
7. 能更换电器元件，正确接线，排除电源故障。
8. 会填写维修记录。

工程机械作业时，若充电指示灯突然点亮，电压表的读数下降或电流表指示为放电状态，则认为工程机械的电源系统出现故障。电源系统能否正常工作，直接影响机械的作业效率和用电设备的使用寿命。要排除电源系统故障，首先需正确检测、判断电路中的蓄电池、发电机、电压调节器、继电器等电器元件的好坏，且正确拆装、接线。然后在读懂不同类型工程机械电源系统电路的基础上，能分析、判断、检测电路故障原因，并排除故障。

任务1　蓄电池的检测

【先导案例】

蓄电池是工程机械发动机不启动时的主要供电设备，若关闭电源开关，充电指示灯不亮；机械启动时，启动机不转或车灯不亮、喇叭不响；电压表无指示数或指示数值较小，通常认为是蓄电池没电或亏电。那么如何检测、排除蓄电池故障呢？

1　概述

1.1　作用

蓄电池是将化学能转换成电能的一种低压可逆直流电源。它能将电能转化为化学能储存起来——充电；又能将化学能转化为电能，向用电设备供电——放电。其外观如图 1-1-1 所示。

工程机械上，蓄电池与发电机并联，只要发动机转速稍高于怠速，发电机的端电压就会超过蓄电池的电动势，用电设备由发电机供电，蓄电池只是在发动机启动、停车时使用音响及修理时使用照明设备等情况下才对外供电，其作用：

① 柴油发动机启动时，向启动机和用电设备供电。

图 1-1-1　蓄电池

② 交流发电机不发电或电压较低的情况下，向用电设备供电。

③ 当交流发电机端电压高于铅蓄电池的电动势时，它可将交流发电机的一部分电能转换成化学能储存起来（即充电）。

④ 当同时接入较多用电设备、交流发电机超载时，协助交流发电机供电。

⑤ 蓄电池还相当于一个较大的电容器，能吸收电路中随时出现的瞬间过电压，以保护晶体管元件不被击穿，延长其使用寿命。

1.2　型号

铅蓄电池的型号按《启动型铅蓄电池标准》（JB/T 2599—1993）规定，蓄电池型号采用汉语拼音的大写字母及阿拉伯数字表示，且由三段组成，其排列及含义如下：

第一段：为串联的单格电池数，用阿拉伯数字表示，其标准额定电压为这个数字的两倍。如：3 表示三个单格电池，额定电压为 6V；6 表示六个单格电池，额定电压为 12V。

第二段：为蓄电池的类型和特征代号

铅蓄电池的类型主要根据其用途划分，用一个汉语拼音字母表示。如字母 Q：表示启动用铅蓄电池；字母 M：则表示摩托车用蓄电池；字母 C：表示船舶用铅蓄电池；字母 N：表示内燃机车用铅蓄电池等。

铅蓄电池的特征，是型号的附加部分，用汉语拼音字母表示。当蓄电池同时有几个特征时，按表 1-1-1 将代号并列标志。

第三段：为铅蓄电池额定容量，单位为 A·h（安·时），用数字表示。

注：1）型号后加小写字母，其中 a 表示对原产品第一次改进；b 表示对原产品第二次改进，依次类推。

2）型号后加大写字母，表示产品具有某些特殊性能。如：G 表示薄型极板的高启动率电池；S 表示采用工程塑料外壳、电池盖及热封工艺的蓄电池；D 表示低温启动性能好的蓄电池；HD 表示高抗振型。

表 1-1-1　蓄电池特征代号

序　号	1	2	3	4	5	6	7	8	9
产品特征	干电荷	湿电荷	免维护	少维护	防酸式	密封式	半密封式	液密式	气密式
代号	A	H	W	S	F	M	B	Y	Q

2 蓄电池的结构及工作原理

2.1 结构

铅蓄电池是由多个单格电池组成，每个单格电池的标称电压为 2V。相邻两单格之间有间壁相隔，以保证各个单格电池的独立性，同时用铅金属连接条把单格串联起来，成为一个铅蓄电池总成，如图 1-1-2 所示。

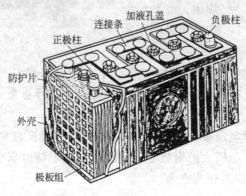

图 1-1-2 蓄电池的结构

2.1.1 极板组

极板分为正极板和负极板，是由栅架及活性物质组成，其形状如图 1-1-3 所示。铅蓄电池的充放电过程就是依靠极板上的活性物质和电解液中的硫酸发生化学反应来实现的。

其中正极板上的活性物质是二氧化铅（PbO_2），呈深棕色。负极板上的活性物质是纯铅（Pb），呈深灰色。它们两者在放电终了时，颜色都将变淡。

栅架的结构如图 1-1-4 所示，其材料多为铅-锑合金（国内一般含锑 5%～7%）。加入锑的目的是为了提高栅架的机械强度和浇注性能，但锑有副作用，它容易从极板栅架中解析出来，引起铅蓄电池自放电和栅架膨胀、溃烂，缩短铅蓄电池的使用寿命。在国外已采用铅-低锑合金栅架（含锑 2%～3%）和铅-钙-锡合金栅架。

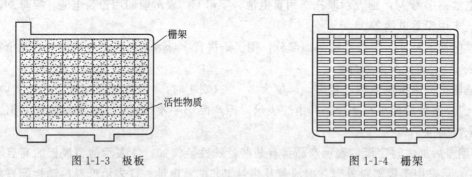

图 1-1-3 极板   图 1-1-4 栅架

把正、负极板各一片浸入到标准电解液中，就能获得 2.1V 的静止电动势，端电压为 2V，但其容量与极板的表面积成正比。为了增加铅蓄电池的容量，将多片正、负极板组合起来，组成正、负极板组，装在单格电池内。由于正极板的机械强度较弱，且充放电时化学反应激烈，故负极板的数量比正极板多一片，且正极板处于负极板之间，使正极板两侧放电均匀，防止正极板的翘曲、变形、活性物质脱落（负极板的化学反应没有正极板强烈）。

2.1.2　隔板

为减少铅蓄电池的体积,应防止:①正、负极板短路;②因极板翘曲和活性物质脱落而引起的短路;③由于锑的析出而造成的自放电现象。故在相邻的正、负极板之间夹一绝缘板,即隔板。

隔板材料:木隔板、多孔塑料隔板及浸树脂纸隔板等。

隔板性能:具有良好的耐酸性和抗氧化性。

隔板的结构:隔板呈长方片状,略大于极板,一侧有沟槽,且具有多孔性结构,以便电解液自由渗透。

装配要求:有槽沟的一面对准正极板,且垂直于底壳,保证电解液的畅通无阻,以及使正极板上脱落的活性物质顺利落入壳底槽中。

2.1.3　电解液

电解液是由硫酸和蒸馏水按一定的比例配制而成,相对密度为 $1.24 \sim 1.3 \mathrm{g/cm^3}$ (25℃)。电解液的相对密度随地区和气候条件而定,气温较高时,密度偏低;气温偏低时,密度应稍大。即使同一地区,冬季应比夏季相对密度值高出 $0.02 \sim 0.04$。不同地区和气温条件下的电解液相对密度见表 1-1-2。

配制电解液必须使用耐热、耐酸的器皿。因硫酸的比热容比水的比热容小得多,受热时温升快,易产生气泡,造成飞溅现象,所以配制电解液时切记只能将硫酸缓慢倒入蒸馏水中,并且不断搅拌。

表 1-1-2　不同地区、气温条件下的电解液相对密度

气候条件	充足电(25℃)时的密度/(g/cm³)	
	冬季	夏季
冬季温度低于−40℃地区	1.30	1.26
冬季温度高于−40℃地区	1.290	1.250
冬季温度高于−30℃地区	1.280	1.250
冬季温度高于−20℃地区	1.270	1.240
冬季温度高于0℃地区	1.240	1.240

2.1.4　外壳

蓄电池的外壳是用来盛放电解液和极板组的容器,它的作用在于使铅蓄电池成为一个整体。制作壳体的材料必须耐热、耐酸、耐蚀、耐振动,并具有一定的机械强度。通常用聚丙烯塑料作为启动型铅蓄电池的壳体。

壳体呈长立方形状,在内部制成互不相通的三个或六个单格。在顶沿内侧有与池盖相结合的特制槽沟,以便使封口密封良好。壳内底部有凸筋,用以支撑极板组,并使脱落的活性物质掉入凹槽内,以免使正负极板短路。蓄电池的盖上开有加液孔,用于注入电解液。孔盖上有气孔,随时排出铅蓄电池内的氢气和氧气,以免发生因气压过大而炸裂壳体的事故。如果在孔盖上安装一个氧化铝过滤器,还可以避免水蒸气的逸出,减少水的消耗。

2.1.5　连接条

连接条的作用主要是将单格电池串联起来,提高整个铅蓄电池的端电压,它是由铅-锑合金铸造而成的。传统的连接方式是将其外露在蓄电池盖顶部,这种连接方式不仅浪费材料,而且使铅蓄电池内阻增加,所以现代新型的启动型铅蓄电池,大多采用跨接式或穿壁式连接方法,这对避免连接条氧化、保证接触良好、提高技术性能都有明显的效果。连接方式如图 1-1-5 所示。

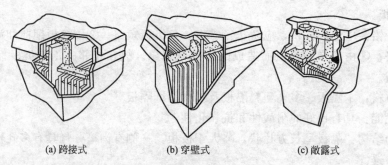

(a) 跨接式　　　　　　(b) 穿壁式　　　　　　(c) 敞露式

图 1-1-5　连接条连接方式

连接条将各单格电池相邻两异性极桩串联，首末两单格电池的各异性极桩则分别伸出蓄电池盖顶部，形成铅蓄电池的正、负两个接线柱，线路接通时用以进行充、放电工作。且正接线柱上标有"＋"号，并涂以红色，负接线柱上则标有"－"号，多数不涂颜色。

注意：对于负极搭铁的机械，拆线时应"先负后正"，装线时应"先正后负"。

2.2　工作原理

充足电状态下，蓄电池的正极是二氧化铅（PbO_2），负极是海绵状的铅（Pb），完全放完电后，两个极板上都变为硫酸铅（$PbSO_4$）。在充、放电过程中，蓄电池的导电是依靠正负离子的运动来实现的。

2.2.1　电势的建立

铅蓄电池极板浸入电解液中，正极板的活性物质 PbO_2 少量溶于电解液，与硫酸作用产生四价铅离子 Pb^{4+} 和硫酸根离子，即：

$$PbO_2 + 2H_2SO_4 \longrightarrow Pb^{4+} + 2SO_4^{2-} + 2H_2O$$

一部分 Pb^{4+} 沉附在正极板上，使正极板具有正电位，约为＋2.0V。负极板的 Pb 有少量溶于电解液中，生成 Pb^{2+}，使负极板具有约－0.1V 的负电位。

因此，在外电路未接通，且这种反应达到相对平衡时，单格铅蓄电池电压（即静止电动势 E_j）约为：

$$E_j = 2.0 - (-0.1) = 2.1V$$

2.2.2　放电过程

铅蓄电池接上负载后，在电动势的作用下，在电路内产生电流 I_f，电子 e 从负极板经外电路的用电设备流向正极板，与 Pb^{4+} 结合生成 Pb^{2+}，Pb^{2+} 则与电解液中 SO_4^{2-} 结合生成 $PbSO_4$，沉附在正极板上，使得正极板的电位降低。其化学反应式为：

正极板：
$$PbO_2 + 2H_2SO_4 \longrightarrow Pb(SO_4)_2 + 2H_2O$$
$$Pb(SO_4)_2 \longrightarrow Pb^{4+} + 2SO_4^{2-}$$
$$Pb^{4+} + 2e \longrightarrow Pb^{2+}$$
$$Pb^{2+} + SO_4^{2-} \longrightarrow PbSO_4$$

在负极板处，活性铅 Pb 与电解液接触后，失去 2e，生成 Pb^{2+}，与电解液中 SO_4^{2-} 结合也生成 $PbSO_4$，并沉附在负极板表面上。其化学反应式为：

$$Pb - 2e \longrightarrow Pb^{2+}$$
$$Pb^{2+} + SO_4^{2-} \longrightarrow PbSO_4$$

即：
$$PbO_2 + Pb + 2H_2SO_4 \longrightarrow 2PbSO_4 + 2H_2O$$

因此，蓄电池放电过程具有以下特征：

①　正、负上的活性物质逐渐转变为 $PbSO_4$，且放完电的蓄电池，其活性物质的利用率只有 $20\%\sim30\%$。

②　随着放电的进行，H_2SO_4 逐渐减少，水逐渐增加，电解液相对密度下降。放完电时，电解液相对密度下降至 1.10。

③　放电终了时，单格电池端电压下降到 1.75V。

2.2.3　充电过程

铅蓄电池的充电过程是电能转变为化学能的过程。在外电场的作用下，正、负极板上的硫酸铅（$PbSO_4$）还原成二氧化铅（PbO_2）和铅（Pb）。

正极板：
$$PbSO_4 \longrightarrow Pb^{2+} + SO_4^{2-}$$

在电场力的作用下：
$$Pb^{2+} - 2e \longrightarrow Pb^{4+}$$
$$Pb^{4+} + 2SO_4^{2-} \longrightarrow Pb(SO_4)_2$$
$$Pb(SO_4)_2 + 2H_2O \longrightarrow PbO_2 + 2H_2SO_4$$

负极板上也有少量的 $PbSO_4$ 溶于电解液中，产生 Pb^{2+} 和 SO_4^{2-}，由于电流作用，使得沉附于负极板处 Pb^{2+} 的获得电子变成 Pb，即：
$$Pb^{2+} + 2e \longrightarrow Pb$$
$$2PbSO_4 + 2H_2O \longrightarrow PbO_2 + Pb + 2H_2SO_4$$

因此，蓄电池充电过程具有以下特征：

①　正、负极板上的 $PbSO_4$ 逐渐恢复为 PbO_2 和 Pb，电解液中的硫酸（H_2SO_4）逐渐增多，水（H_2O）逐渐减少，电解液相对密度将上升。且充足电时，电解液相对密度上升到最大值，且在 $2\sim3h$ 内不再变化。

②　蓄电池的端电压上升到最大值，且在 $2\sim3h$ 内不再变化。

③　产生大量气泡，电解液呈现"沸腾"状态。

3　蓄电池的参数和容量

3.1　蓄电池的参数

3.1.1　静止电动势

静止状态下，蓄电池正、负极板之间的电位差称为静止电动势。其大小取决于电解液的相对密度和温度。温度为 25℃时，单格电池的静止电动势与电解液相对密度的关系，可用下列经验公式(1-1-1) 计算：

$$E_j = 0.84 + \rho_{25℃} \tag{1-1-1}$$

式中　$\rho_{25℃}$——25℃时电解液的相对密度，g/cm^3。

按式(1-1-2) 将电解液任一温度 t 时相对密度换算为 25℃时的相对密度：

$$\rho_{25℃} = \rho_t + 0.00075(t-25) \tag{1-1-2}$$

式中　ρ_t——电解液在任一温度下的相对密度，g/cm^3；

　　　　t——实际测量电解液的温度，℃。

电解液的相对密度一般在 $1.1\sim1.3$ 之间变化，相应的静止电动势为 $1.95\sim2.15V$。

3.1.2　内阻

铅蓄电池内阻包括极板、电解液、隔板、铅联条和极桩电阻等。在正常使用中，极板的电阻很小。当极板表面生成一层硫酸铅时，它的阻值就会大大增加。

电解液的电阻取决于其相对密度和温度，当电解液的温度降低，或者相对密度过低或过高时，电阻都将会增加。电解液电阻和相对密度的关系如图 1-1-6 所示。

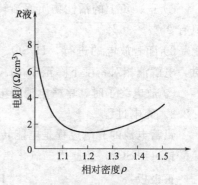

图 1-1-6　电解液的电阻与相对密度的关系

从图上可以看出，相对密度为 1.200（15℃）时，电阻最小，即此时硫酸分解成离子的数量最多。相对密度过低或过高时，离子数量都会减少。而且相对密度过高时黏度增加，电解液中的离子流动速度减慢，会使电阻增加。

隔板的电阻取决于材质和厚度。隔板薄而且多孔，其电阻就小；反之，则电阻大。各种材料中，木质隔板电阻最大。

连接条和极桩的电阻很小，但极桩在使用中因表面氧化，将会使电阻增加；如果外接导线与极桩接触不良，电阻大大增加。

但总的来说，铅蓄电池的内阻非常小，通常完全充足电的铅蓄电池，在温度为 20℃ 时，总内电阻 R_0 可按式(1-1-3) 计算：

$$R_0 = \frac{U_e}{17.1CQ_e} \tag{1-1-3}$$

式中　U_e——蓄电池的额定电压，V；

$\quad\quad Q_e$——蓄电池的额定容量，A·h。

3.1.3　端电压

铅蓄电池的端电压是指在不同工况下，正、负极桩间的电压值。其电压高低随铅蓄电池充、放电过程的变化而变化。充电时，端电压等于铅蓄电池电动势与内阻压降之和，并逐渐升高，即：

$$U = E + I_c R_0 \tag{1-1-4}$$

式中　E——瞬时电动势，V。

$\quad\quad I_c$——充电电流，A。

$\quad\quad R_0$——内阻，Ω。

放电时，则为电动势与内阻压降之差，并逐渐降低，即：

$$U = E - I_f R_0$$

式中　I_f——放电电流，A。

3.2　容量及其影响因素

3.2.1　蓄电池的容量

铅蓄电池的容量标志着铅蓄电池向外供电的能力。一般在放电允许的范围内，把铅蓄电池输出的电量称为容量 Q，单位是 A·h，即容量等于放电电流 I_f 与放电时间 t 的乘积，即：

$$Q = I_f t \tag{1-1-5}$$

铅蓄电池容量的大小，不仅与放电电流大小和放电时间的长短有关，而且还受放电终止电压和电解液相对密度的影响。通常将容量分为"额定容量"和"启动容量"。

（1）额定容量 Q_e　指完全充足电的蓄电池在电解液的温度为 25℃ 时，以 20h 放电率连续放电，使单格电池电压下降到 1.75V 时所输出的容量。

对于标准的启动型铅蓄电池，其每相对两片极板间的容量为 7.5A·h，即铅蓄电池的额定容量为：

$$Q_e = 7.5(N-1)$$

式中　N——正、负极板的总片数。

（2）启动容量 Q_q　铅蓄电池的主要功用是启动柴油发动机时向启动机供给大电流，所以启动容量也是检验启动型铅蓄电池技术性能的一个重要指标。

启动容量受温度影响很大，故又将启动容量分为首次启动容量和低温（-18℃）启动容量两种。

① 首次启动容量。首次启动容量是指将充足电的铅蓄电池，在规定的温度（通常为 25℃）下，以 $3Q_e$ 放电电流放电到终止电压时所持续的时间，其放电持续在 3min 以上。放电时间越长，启动容量越大。

② 低温（-18℃）启动容量。低温启动容量是在铅蓄电池温度为-18℃，以 $3Q_e$ 放电电流放电到终止电压时所输出的电量。其放电持续时间应在 2.5min 以上。

3.2.2　影响蓄电池容量的因素

（1）放电电流　放电过程中，正、负极板的活性物质不断转换成硫酸铅。放电电流越大，端电压下降越急剧，使放电时间大为缩短，因而容量显著减小。

发动机启动时，蓄电池放电电流很大，启动机每次启动时间不得超过 5s，再次启动须间隔 15s 以上，使电解液充分渗入极板内层，以提高蓄电池的容量和使用寿命。

（2）电解液温度　电解液温度降低，则容量减小。这是因为温度降低，电解液的黏度增加，内阻增加，使硫酸渗入极板孔隙速度减慢，致使不能充分利用极板上的活性物质，电化学反应速度下降，因此铅蓄电池容量下降。适当增加电解液温度，会加深电化学反应的速度，提高活性物质的利用率，使容量增加。但电解液温度不能太高，若超过 45℃，将使极板的活性物质变脆而脱落，反而使容量随活性物质的减少而变小。

通常，温度每下降 1℃，缓慢放电时容量约减少 1%，迅速放电时容量约减少 2%。

（3）电解液相对密度　提高电解液的相对密度，可以提高铅蓄电池的电动势，同样使端电压升高，容量增加。但相对密度过大，又会使电解液黏度增加，硫酸渗入极板孔隙速度减慢，电化学反应的速度下降，容量下降，如图 1-1-7 所示。

由图 1-1-7 可知，电解液相对密度为 1.23 时，容量达到最大值。低于或高于此相对密度都会使容量下降。使用中为提高和改善启动性能，应采用偏低相对密度的电解液。但是在偏低温前提下，尽量采用低相对密度电解液。

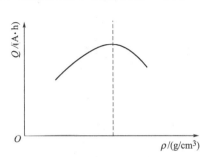

图 1-1-7　电解液相对密度与
容量的关系

（4）结构因素　对蓄电池容量产生影响的结构因素，主要反映在极板面积及其活性物质上。极板面积越大，则同时和硫酸发生电化学反应的物质越多，容量越大。提高极板面积的途径有两条，一是增加极板片数；二是提高活性物质的孔率。另外，极板越薄，活性物质的多孔性越好，电解液渗透越容易，容量也越大。

工作情境设置(一)

蓄电池的检测

蓄电池在使用过程中，需经常对其技术状况进行检测，避免故障发生，保证其技术性能的充分发挥和延长使用寿命。

一、工作任务要求

1. 能描述所给蓄电池型号的意义，并填写在所给的表格中。

2. 能按所给步骤正确操作蓄电池外观检查、液面高度检测、电解液相对密度检测等，并填写检测记录。

二、器材

蓄电池、高压线圈、密度计、玻璃管、棉纱、钢丝刷、苏打水等。

三、完成步骤

1. 清除所给蓄电池外部的灰尘泥污，并用碱水清洗。

2. 清除蓄电池极柱和电缆卡子上的氧化物。

3. 外观检查

主要内容包括外壳破裂、封口剂开裂、连接条断裂和接线柱损坏等。其中外壳破裂可用磁电动机或高压线圈作为高压电源，用探针在蓄电池表面滑动，看是否有连续火花，无火花处则为破裂位置。

4. 电解液液面高度

液面高度用玻璃管测量如图 1-1-8 所示。正常液面应高出隔板 10～15mm，电解液不足时，应加注蒸馏水。

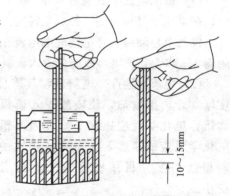

图 1-1-8　液面高度检测

5. 蓄电池的放电程度测量

(1) 测量电解液的相对密度

仪器：吸入式密度计（见图 1-1-9）、手持光学折射仪（见图 1-1-10）。

图 1-1-9　吸入式密度计

图 1-1-10　手持光学折射仪

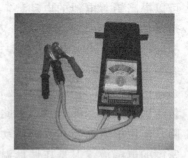

图 1-1-11　蓄电池测量仪

测密度的同时，还要测量电解液的温度，将测量的电解液相对密度换算为 25℃时的相对密度。根据实际经验，相对密度每减小 0.01，相当于蓄电池放电 6%。已知蓄电池充电终了时电解液相对密度，可根据测得的相对密度判断铅蓄电池的放电程度。

注意：① 吸入式密度计读数按液柱凹面水平线读取，手持光学折射仪按颜色的分界线读取。

② 提取电解液时，防止外滴或滴在衣服、手上。

（2）测量放电电压　模拟蓄电池接入启动负荷，测量大电流放电时的端电压值，判断蓄电池的放电程度。

仪器：蓄电池测量仪，如图1-1-11所示。

方法：将两放电针压在蓄电池正负极柱上，保持15s，若电压保持在9.6V以上，说明性能良好，但存电不足；若稳定在11.6～10.6V，说明存电足；若电压迅速下降，说明蓄电池已损坏。

注意：此项测量不能连续进行，必须间隔1min后才可以再次检测，以防止蓄电池损坏。

6. 就车测试

对于24V蓄电池，将万用表置电压挡位，测蓄电池端电压，当发电机不发电时，$U<25.6V$；发电机发电后，$U>26V$。

蓄电池检测记录表

项　目	检　测　任　务					
蓄电池	1. 型号： 2. 意义：					
蓄电池外观检查						
液面高度检测	h_1	h_2	h_3	h_4	h_5	h_6
电解液的相对密度	ρ_1	ρ_2	ρ_3	ρ_4	ρ_5	ρ_6
电解液的温度	t_1	t_2	t_3	t_4	t_5	t_6
蓄电池放电电压	$U=$					
就车测量	发动机启动前			发动机启动后		
	$U=$			$U=$		
结论						

4 蓄电池的充电

使用过程中，蓄电池充电是一项经常性的工作。新蓄电池、亏电蓄电池或通过检测修复后的蓄电池都需要充电，常用的充电设备有硅整流充电机、可控硅整流充电机和快速充电机。

4.1 蓄电池充电的方法

4.1.1 定电流充电法

在充电过程中，使充电电流保持恒定的充电方法，称为定电流充电法。

从 $I_c=(U-E)/R$。可知，在充电过程中，随电动势的增高，充电电流就逐渐减小。为保持充电电流的恒定，随充电过程的进行，就必须提高充电电压。但在充电最后阶段，大电流只能产生更多气泡，过激的化学反应不利于深层活性物质的还原，且降低了充电效率。因此，应采用定电流充电，当单格电池电压上升到 2.4V（开始出现较多气泡）时，应将充电电流减半，直到完全充足电为止。定电流充电的接线如图 1-1-12 所示。

定电流充电时将各待充电的蓄电池串联，所串联的蓄电池的端电压可各不同，但容量最好能相同。若容量不同，按容量最小的蓄电池设定电流，充足电后先摘下，再按余下的容量最小的蓄电池设定电流。依此类推，直到全部蓄电池充足电为止。其充电特性曲线如图 1-1-13 所示。

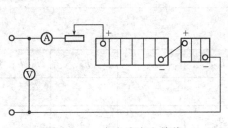

图 1-1-12 定电流充电接线

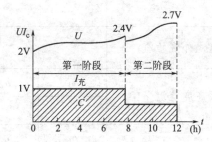

图 1-1-13 定电流充电特性曲线

定电流充电，虽充电电流可任意选择，有益于延长蓄电池寿命，但充电时间长，且需要经常调整充电电流。

4.1.2 定电压充电法

在充电过程中，将充电电压保持恒定的充电方法，称为定电压充电法。

从 $I_c=(U-E)/R$。可知，在充电过程中，随电动势的增高，充电电流就逐渐减小。如果发电机的端电压调节得当，蓄电池充足电时充电电流应为零。

若发电机端电压较低，充电电流很快为零，而蓄电池未充满电。在此情况下蓄电池的充电机会少，大部分时间处于放电状态。蓄电池长期亏电，致使容量下降、寿命缩短。

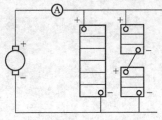

图 1-1-14 定电压充电接线

若发电机端电压较高，则充电电流显著增大，即使蓄电池充满电，仍有一定的充电电流，会使蓄电池过充电。过充电会使极板损坏，缩短使用寿命。

定电压充电的接线图如图 1-1-14 所示。

定电压充电时，所有被充电的蓄电池均与电源并联，且所有被充电的蓄电池额定电压必须相同。

定电压充电虽充电速度快，充电时间短；但充电电流大小不能调整，所以不能保证蓄电池彻底充足电。

注意：对于就车使用的蓄电池，为了防止其产生硫化故障，必须定期（每两个月）拆下用定电流充电的方法再充电一次。

4.1.3 脉冲快速充电

先用蓄电池额定容量的大电流进行充电，很快充至蓄电池额定容量的一半以上，单格蓄电池的电压上升到 2.4V，并开始冒气泡，此时控制电路转而用脉冲电流对蓄电池继续充电。

充电过程遵循：正脉冲充电→前停充→负脉冲瞬间放电→后停充的连续循环方式，直至充满电时为止。其波形如图 1-1-15 所示。

其中前停充时间为 25～40ms，后停充时间为 40ms。

脉冲快速充电，其突出优点是很大程度地消除了极化现象，使深层的活性物质参加反应，有利于发动机冷启动。充电时间较短，去硫化的效果显著。但充

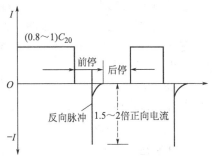

图 1-1-15 快充电流波形

电电流大，出气猛，对极板的冲刷力大，使活性物质容易脱落，影响极板的使用寿命。

4.2 蓄电池充电的种类

4.2.1 初充电

所谓初充电，即对新铅蓄电池（或更换极板的铅蓄电池）的首次充电。初充电步骤如下：

① 应用蒸馏水和相对密度为 1.83（15℃）的纯净硫酸，按照标准配制电解液并注入新电池，静置 6～8h。此时若液面因渗入极板而低落，应补充到高出隔板 10～15mm。

② 接通充电电路，并参照规定把充电电流调整到第一阶段的数值（$Q_e/15$），充到单格电池电压上升到 2.3～2.4V，并冒出大量气泡，再按照第二阶段电流值继续充电，直到电压和相对密度在 2～3h 内不再上升，并有大量气泡产生为止。

③ 充电过程中，应经常测量电解液的温度，当温度上升到 40℃时，应将充电电流减半；当温度继续上升，应立即停止充电，待温度低于 30℃时，才可继续充电。

④ 充电结束时，应测量电解液相对密度。若达不到规定值，应添加硫酸或蒸馏水调整。调整后继续充电 2h，再次进行测量调整，直到相对密度符合要求为止。

初充电的特点是充电电流小，充电时间长，并且对铅蓄电池的使用性能有极大影响。

4.2.2 补充充电

铅蓄电池在使用中，因充电电压低或充电机会少等原因致使铅蓄电池容量下降，应进行补充充电，表示铅蓄电池容量不足的现象有：

① 电解液相对密度下降到 1.200 以下。

② 冬季放电超过 25%，夏季超过 50% 时（指额定容量）。

③ 灯光比平时暗淡（表示电力不足）时。

④ 启动机无力（非机械故障）时。

补充充电也分两个阶段：第一阶段，以 $Q_e/10$ 的电流值充电至电压为 2.3～2.4V；第二阶段将电流减半，一直充到电压为 2.5～2.7V，电解液相对密度恢复到规定值，且在 2～3h 内保持不变，蓄电池内产生大量的气泡为止。补充充电时间一般为 13～17h，充电结束时，

应调整电解液相对密度和液面高度。

4.2.3 去硫化充电

铅蓄电池发生硫化故障后，内电阻将显著增大，充电时温升也较快。硫化严重的铅蓄电池只能予以报废。硫化程度较轻时，可以用去硫化充电的方法加以消除。

① 先将已硫化的蓄电池按 20h 放电率放完电。

② 倒出原有的电解液，并用蒸馏水冲洗两次，然后再加入足够多的蒸馏水。

③ 接通充电电路，将电流调节到初充电的第二阶段电流值（$I_c = Q_e/30$）进行充电。当相对密度上升到 1.15 时，倒出电解液，换加蒸馏水再进行充电，直到电解液相对密度不再增加为止。

④ 以 20h 放电率进行放电，当单格电池电压下降到 1.75V 时，再以补充充电的电流值进行充电，再放电，再充电，直到容量达到额定值的 80% 以上，可投入使用。

4.2.4 预防硫化充电

蓄电池在使用过程中，因经常充电不足而造成硫化。为预防起见，可隔三个月进行一次。充电的方法是：

① 首先以补充充电的充电电流将蓄电池充电到电解液"沸腾"，中断 1h。

② 再以补充充电的充电电流的 1/2 将蓄电池充电到电解液再次"沸腾"。如此反复，直到一充电，电解液就立即"沸腾"为止。

4.2.5 循环锻炼充电

铅蓄电池放电时，参加反应的活性物质有限，为使极板活性物质得以充分发挥其作用，可每三个月进行一次。其方法是：

① 蓄电池充足电之后，用 20h 放电率放完电。

② 再以补充充电至容量达到要求即可。

一般要求经循环锻炼充电后的铅蓄电池容量应在 Q_e 的 90% 以上，否则必须进行多次充放电循环。

工作情境设置(二)

蓄电池充电

一、工作任务要求

1. 能按充电方法不同，画出电路图，并正确连接不同容量的蓄电池。

2. 能正确使用充电机，并选择相应的充电参数。

3. 记录蓄电池充电过程中的参数，观察其状态变化，并判断其充电的程度。

二、器材

不同容量的蓄电池 2~3 个、充电机、密度计、玻璃管、温度计、导线、万用表、苏打水等。

三、完成步骤

1. 熟悉充电机（见图 1-1-16）各开关、旋钮的作用及使用、操作方法。

2. 根据充电方法（定电流、定电压、快速脉冲）正确接线。

注意：① 充电机红线接蓄电池的正极，黑线接蓄电池的负极。

② 接线在断电状态下进行，防止电源短路，造成触电事故。

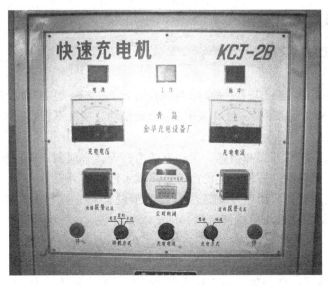

图 1-1-16 充电机

3. 合电源开关,选择正确的充电参数充电。

4. 充电过程中,测蓄电池端电压、电解液相对密度、电解液的温度等,并记录各测量值,根据测量值,调整充电参数。

如:① 定电流充电,单个电池电压上升到 2.4V 时,应将充电电流减小一半。

② 应经常测量电解液的温度,若上升到 40℃后电流减半,此时温度再继续上升,则应停充。

5. 观察充电机上仪表的显示值及蓄电池的电解液的状态变化。

蓄电池充电记录表

项 目	操 作 任 务
蓄电池	型号:
定电流充电	1. 画出充电接线电路:
	2. 充电电流参数:$I=$
	3. 充电过程中的测量值:$U=$ $\rho=$ $t=$
定电压充电	1. 画出充电接线图:
	2. 充电电压参数:$U=$
	3. 充电过程中电流表的状态:
	4. 电解液的密度及状态变化:
快速脉冲充电	1. 充电电流参数:$I=$
	2. 充电过程中电压表的状态:
	3. 充电过程中电流表的状态:
蓄电池充足电时的现象	

5 蓄电池的常见故障及使用

5.1 蓄电池的常见故障及排除

5.1.1 外部故障

蓄电池由于使用不当，会出现各种故障，导致容量下降，缩短使用寿命。常见的外部故障有：外壳裂损、单格电池的间壁裂损、封口剂开裂、极板松动、接触不良或腐蚀和连接条烧坏等。

排除及维护：

① 检查蓄电池封胶有开裂和损坏，极柱有破损，壳体有泄漏，则应修复或更换。

② 用温水清洗蓄电池外部的灰尘泥污，再用碱水清洗其外壳。

③ 疏通加液盖通气孔，用钢丝刷或极柱接头清洗器除去极柱和电缆卡子上的氧化物，清洁后涂一层薄薄的工业凡士林或润滑脂。

5.1.2 内部故障

(1) 极板硫化 极板硫化指铅蓄电池长期亏电、电解液液面太低或相对密度过高，在使用过程中，极板上生成硫酸铅粗晶体，在正常充电时很难使其还原为 PbO_2 和海绵状的 Pb。

① 特征。晶体堵塞极板孔隙，使电解液渗入困难、容量下降。硬化的硫酸铅层导电性极差，使铅蓄电池内电阻显著增加，造成启动性能和充电性能下降。

② 现象。充电时电压迅速升高，达到"沸腾"，但电解液相对密度增加很少；放电时电压很快下降，灯光暗淡，启动机运转无力。

③ 原因：

a. 铅蓄电池长期处于亏电状态。

b. 电解液液面过低，使极板上部与空气接触而强烈氧化。

c. 电解液相对密度过高，且含有杂质。

d. 蓄电池经常过量放电或小电流深放电。

④ 排故方法：

a. 极板轻度硫化时，用预防硫化充电方法进行。

b. 硫化较严重时，采取去硫化充电法排除。

c. 硫化严重时，更换极板或报废。

(2) 极板活性物质脱落 由于正极板的化学反应强烈，导致活性物质大量脱落。

① 现象。电解液混浊，有褐色悬浮物；端电压下降，容量减小，启动机启动无力。

② 原因。

a. 长时间大电流放电。

b. 充电电流过大，电解液温度高，使活性物质松软。

c. 经常过充电，使极板孔隙中溢出大量气体，对极板孔隙造成压力。

③ 排故方法。

a. 若沉淀物不多，彻底清洗后，重新充电。

b. 若沉淀物很多，说明极板严重损坏，则更换极板或报废。

(3) 极板短路

① 现象。蓄电池电动势低，甚至为零；充电时电解液温度迅速上升，但电压和电解液相对密度上升很慢，且产生的气泡少。

② 原因：

a. 隔板断裂，使正、负极板局部短接。

b. 电解液中混入的杂质太多或极板活性物质严重脱落下沉，使正、负极板下部短路。

③ 排故方法。拆开修理或报废。

（4）自放电

① 现象。蓄电池在充电且不接外部负荷的情况下，自身逐渐消耗电量的现象，称为自放电。一般蓄电池 24h 损失的电量不得超过额定容量的 0.35％～0.7％，否则就属于故障性自放电。

② 原因：

a. 极板杂质太多。

b. 电解液中含有杂质、铅蓄电池极桩过脏、铅蓄电池盖上残留了电解液和尘垢，以及导线破损等。

③ 排故方法。将蓄电池电解液全部倒出，取出极板组，用蒸馏水清洗极板、隔板和壳体；组装后加入新配制的电解液，并充电。

（5）电解液减少

① 现象。使用中的铅蓄电池，其电解液消耗、蒸发损失过多，在短时间内电解液液面降低很多，需经常加蒸馏水。

② 原因：

a. 外壳裂缝、封口胶开裂、密封不严，或将加液孔经常敞开及盖拧得不紧所致。

b. 大电流充电、过充电或蓄电池有短路故障，使电解水变成气体溢出。

③ 排故方法。检查蓄电池的壳体是否损坏，发电机的输出电压是否偏高，极板是否硫化或短路，如有需进行相应处理。

5.2 蓄电池的正确使用

5.2.1 "三抓"

（1）抓及时、正确充电　装车使用电池定期补充充电，放电程度，冬季不超过 25％，夏季不超过 50％；带电液存放的蓄电池定期补充充电。

（2）抓正确使用操作　每次启动时间不超过 5s，启动间隔时间 15s，最多连续启动 3 次。

（3）抓清洁保养　及时清除蓄电池表面的酸液，经常疏通通气孔。

5.2.2 "五防"

① 防止过充和充电电流过大。

② 防止长时间大电流放电和过度放电。

③ 防止电解液液面过低。

④ 防止电解液密度过大。

⑤ 防止电解液内混入杂质。

5.2.3 冬季使用

① 保持蓄电池始终处于充足电状态，以防结冰。

② 加蒸馏水应在充电时进行，以防结冰。

③ 冬季容量降低，发动机启动前应进行预热。

④ 电解液相对密度在不结冰的前提下要尽量低。

5.2.4 注意事项

因工程机械电源电压为 24V，因此使用时必须注意：

① 两个或两个以上蓄电池连接时，请勿将不同型号特别是不同品牌的蓄电池混合使用。

② 两个或两个以上蓄电池连接时，蓄电池的极性切不可接错。否则，可能会引起爆炸，进而造成人身伤害。

③ 蓄电池电缆连接必须牢固、不得松动，否则，启动时的大电流会导致接线柱被烧毁。

④ 连接与拆除电缆前必须关闭机器的电源总开关。连接电缆时，应先接正极电缆，后接负极电缆，拆除电缆时则刚好相反。

5.3 新型蓄电池的使用

5.3.1 干荷电蓄电池

该电池使用前其极板处于干燥的已充电状态，能长期保存电荷。在规定保存期内使用时，只注入适当密度的电解液，静放 20～30min 后，容量达 80% 以上，调整液面高度到规定值，即可投入使用，是应急的理想电源。其结构特点：

① 负极板的铅膏中加入松香、油酸、硬脂酸等防氧化剂，提高了负极板上的海绵状纯铅的憎水性、抗氧化性。

② 在化成过程中有一次深放电或反复循环放电，使深层活性物质达到活化。

③ 化成后的负极板，先用清水冲洗，再放入防氧化剂溶液（硼酸、水盐酸混合液）中进行浸渍处理，让负极板表面生成一层保护膜。

④ 正负极板、隔板采用特殊干燥工艺。

注意：对储存期超过两年的干荷电铅蓄电池，因负极板上有部分氧化，使用前必须进行 5～10h 补充充电。

5.3.2 湿荷电蓄电池

该蓄电池的极板采用群组化成，再放入密度为 1.350 的硫酸钠溶液中浸泡 10min，硫酸钠吸附在负极板活性物质表面，有抗氧化作用。极板、隔板内含电解液，因此为湿荷电蓄电池。

该电池储存期为 6 个月，使用时只需加入规定密度的电解液，静置 20min 即可，不需初充电及调整电解液相对密度和液面高度。若超过储存期，使用时需进行短时间补充充电，其首次放电容量可达额定容量的 80%。

5.3.3 免维护蓄电池

该电池在长期使用过程中无需加注蒸馏水和维护，且自放电少，容量保持时间长；内阻小，启动时放电性能好；和其他电池相比，使用寿命长，目前广泛地用于工程机械中。其结构特点：

① 极板栅架采用铅钙锡合金制成，消除了锑的副作用。

② 采用袋式聚氯乙烯隔板套套住正极板，可避免活性物质脱落、极板短路。

③ 通气孔采用新型安全通气装置，既可避免蓄电池内的硫酸气与外部火花直接接触而发生爆炸，又可借助催化剂把排出的氢离子与氧离子结合成水再回到电池中去。

④ 自带小型密度计，即"电眼"（见图1-1-17）。

⑤ 外壳采用聚丙烯塑料热压而成，槽底没

图 1-1-17 免维护电池上的密度计

有筋条，极板组可以直接坐落在铅蓄电池底部，使极板上部的电解液量增加，而且外壳壳体内壁较薄，使其体积小，质量轻。

为使免维护蓄电池处于良好的工作状态，使用时应注意保持其表面清洁、干燥，且每半年进行一次补充充电。

工作情境设置(三)

免维护蓄电池技术状态的检查

一、工作任务要求

1. 能判定所给免维护蓄电池的技术状态。

2. 能使用充电设备，给免维护蓄电池快速充电。

二、器材

免维护蓄电池、快速充电机、万用表、棉纱、苏打水等。

三、完成步骤

1. 熟悉快速充电机（见图1-1-18）上的开关、旋钮的作用和使用方法。

2. 清洁免维护电池表面，观察"电眼"颜色，并记录。

无加液孔的全封闭免维护蓄电池，其顶部装一小型密度计。该密度计可分为上、中、下三部分，上部是螺塞作固定用；中部是塑料杆以连接上下部分，并测定电解液液面高度；下部是一笼子，内装绿色测密度球，可随电解液相对密度的变化上下浮动。

若电解液相对密度高，容量大于65%时，测密度球浮至最高处，和塑料杆底部接触，此时"电眼"的颜色为绿色，表示蓄电池状态正常［见图1-1-19(a)］。

图1-1-18 快速充电机

图1-1-19 内装式小型密度计

若"电眼"的颜色外为深绿色，内为无色［见图1-1-19(b)］，表示测密度球已下降，电解液密度低，蓄电池充电不足，需补充充电。

若电解液液面下降到球笼底部时，则"电眼"的颜色为浅黄色或无色［见图1-1-19(c)］，则蓄电池电压很低，无法工作，需更换。

3. 万用表测端电压，验证蓄电池状态。

4. 若亏电，正确使用快速充电机充电，充足后，再观察"电眼"的颜色，并验证。

免维护蓄电池技术状态记录表

项　目	操作任务			
免维护蓄电池	1. 型号： 2. 与普通电池的外观区别：			
免维护蓄电池的状态	电眼的颜色			
	端电压 U			

习题

一、简答题

1. 说出蓄电池的用途。

2. 简述蓄电池的主要部件。

3. 试解释 6-QA-100 型铅蓄电池各部分的意义。

4. 什么是蓄电池的容量？其影响因素有哪些？

5. 简述不同充电方法的优缺点。

6. 叙述补充充电的操作步骤。

7. 在什么情况下要进行补充充电？

8. 简述蓄电池有哪些常见故障及相应的排除方法。

9. 如何正确使用和维护蓄电池？

二、判断题

1. 汽车蓄电池是将化学能转换成电能的一种装置。（　　）

2. 蓄电池放电时将电能转换成化学能。（　　）

3. 铅蓄电池用的电解液是由纯硫酸和水配制而成的。（　　）

4. 严重硫化的蓄电池在充电时，电解液相对密度不会升高，充电初期电解液就"沸腾"。（　　）

5. 发现蓄电池电解液液面过低，应及时添加水。（　　）

6. 冬季时，应特别注意保持铅蓄电池充足电状态，以免电解液结冰致使蓄电池破裂。（　　）

7. 充电时，发现电池温度升高过快且超过 40℃，应及时将充电电流减小至零。（　　）

8. 当内装式密度计指示器显示绿色时，表明蓄电池处于充满电状态；显示黄色，表明蓄电池存电不足；电解液显示透亮，应更换蓄电池。（　　）

9. 脱开蓄电池电缆时，始终要先拆下负极电缆。（　　）

10. 在单格电池中，负极板的片数比正极板的片数少一块。（　　）

11. 在放电过程中，正负极板上的活性物质都转变成硫酸铅。（　　）

12. 新蓄电池和修复后的蓄电池需要进行初充电。（　　）

三、选择题

1. 在讨论蓄电池结构时，甲说12V蓄电池由6个单格电池并联组成，乙说12V蓄电池由6个单格电池串联组成，你认为（　　）。

　　A. 甲正确　　　　　　B. 乙正确　　　　　　C. 甲乙都对　　　　　　D. 甲乙都不对

2. 汽车蓄电池有下列哪些作用？（　　）

　　A. 作为电源

　　B. 在汽车充电系统发生故障时提供车辆所必需的电能

　　C. 稳压

D. 以上陈述都正确

3. 铅蓄电池放电时，端电压逐渐（　　）。
    A. 上升　　　　　　　B. 平衡状态　　　　　C. 下降　　　　　　　D. 不变

4. 铅蓄电池额定容量与（　　）有关。
    A. 单格数　　　　　　B. 电解液数量　　　　C. 单格内极板片数　　D. 温度

5. 不同容量的蓄电池串联充电，甲说充电电流应以小容量的蓄电池为基准进行选择；乙说充电电流应以大容量的蓄电池为基准进行选择，你认为（　　）。
    A. 甲正确　　　　　　B. 乙正确　　　　　　C. 甲乙都对　　　　　D. 甲乙都不对

6. （　　）铅蓄电池使用前，一定要经过初充电。
    A. 干荷电　　　　　　B. 普通　　　　　　　C. 免维护蓄电池

7. 在讨论蓄电池电极桩的连接时，甲说，脱开蓄电池电缆时，始终要先拆下负极电缆；乙说，连接蓄电池电缆时，始终要先连接负极电缆，你认为（　　）。
    A. 甲正确　　　　　　B. 乙正确　　　　　　C. 甲乙都对　　　　　D. 甲乙都不对

8. 铅蓄电池，在使用的过程中造成蓄电池提前报废的常见原因是（　　）。
    A. 过充电　　　　　　B. 极板硫化　　　　　C. 过放电

9. 铅蓄电池在补充充电过程中，第一阶段的充电电流应选取其额定容量的（　　）。
    A. 1/20　　　　　　　B. 1/15　　　　　　　C. 1/10

10. 蓄电池的容量与极板数有关，若正极板数为 10，则该蓄电池的容量为（　　）A·h。
    A. 150　　　　　　　B. 135　　　　　　　C. 75

任务 2　发电机的检修

【先导案例】
　　工程机械在作业时，若电流表指示放电，仪表盘上的充电指示灯突然点亮或电压表读数偏低，通常认为是发电机不发电。故障原因可能是：线路故障、带轮机械故障和发电机自身故障等。那么如何检测、排除发电机故障呢？

1　概述

1.1　作用

　　发电机（见图 1-2-1）是将机械能转变为电能的装置，是工程机械的主要电源，由发动机驱动。发电机工作时，除向机械上的所有电器（启动机除外）供电外，在蓄电池存电不足时还会向蓄电池充电。

　　发电机有交、直流之分。由于工程机械上用电设备的增加，要求发电机不仅输出功率大，且发动机低速运转时也能向蓄电池充电，因此直流发电机被淘汰，目前广泛采用交流发电机。其优点表现为：

图 1-2-1　发电机

　　① 体积小，质量小，功率大。

　　② 在柴油发动机低速运转时即可进行充电。

　　③ 结构简单、故障少、维修方便、寿命长。

　　④ 有限流的作用。

⑤ 无换向器，对无线电干扰小。

1.2 型号

根据国标规定，硅整流发电机的型号组成如下：

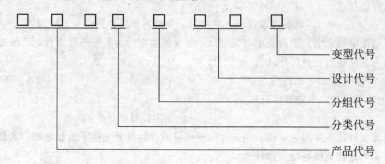

（1）产品代号　按产品名称的顺序，选择 2～3 个汉语拼音的第一个大写字母组成。发电机的产品代号见表 1-2-1。

表 1-2-1　交流发电机产品代号

产品名称	代　号	说　明
交流发电机	JF	J 表示"交"，F 表示"发"
整体式交流发电机	JFZ	J 表示"交"，F 表示"发"，Z 表示"整"
带泵式交流发电机	JFB	J 表示"交"，F 表示"发"，B 表示"泵"
无刷式交流发电机	JFW	J 表示"交"，F 表示"发"，W 表示"无"

（2）分类代号　交流发电机中，用电压等级作为分类代号，见表 1-2-2。

表 1-2-2　交流发电机电压等级代号

电压等级代号	1	2	3	4	5	6
电压等级/V	12	24	—	—	—	—

（3）分组代号　以功率等级代号作为交流发电机的分组代号，见表 1-2-3。

表 1-2-3　交流发电机功率等级代号

功率等级代号	1	2	3	4	5	6	7
交流发电机	180W	>180～250W	>250～350W	>350～500W	>500～750W	>750～1000W	>1000W
整体式交流发电机							
带泵式交流发电机							
无刷式交流发电机							

（4）设计序号　按产品设计的先后顺序，由 1～2 位阿拉伯数字组成。

（5）变型代号　用汉语拼音的大写字母顺序表示。交流发电机的型号中，以调整臂位置作为变型代号，从驱动端看：调整臂在中间的不加标记；在右边的用 Y 表示；在左边的用 Z 表示。同时，从驱动端看：顺时针转，不加标记，逆时针转，型号最后字母为"N"。

如：JF2511Y 表示交流发电机标称电压 24V，额定功率 500W，设计序号为 11，调整臂在右侧。国产交流发电机的型号、规格见表 1-2-4。

表 1-2-4　交流发电机型号、规格

类型	型号	额定输出			空载转速不大于 /(r/min)	额定工作转速 /(r/min)
		电压/V	电流/A	功率/W		
交流发电机	JF11、JF13、 JF131、JF132	14	25	350	1000	3500
	JF23	28	12.5	350	1000	3500
	JF25	28	18	500	1000	3500
整体式交流 发电机	JFZ1514Y	14	36	500	1300	4800
	JFZ1523、JFZ157、 JFZ182	14	55	770	1100	4800
	JFZ2518	28	27	700	1150	5000
	JFZ2811	28	36	1000	1200	6000
无刷交流 发电机	JFW14X	14	36	500	1000	3500
	JFWZ18	14	60	840	1000	3500
	JFW28X	28	18	500	1000	3500
带泵交流 发电机	JFB1312	14	25	350	1000	3500
	JFB151	14	36	500	1000	3500
	JFB2312、JFB2525	28	12.5	350	1000	3500
	JFB2514	28	18	500	1100	4800
	JFB2812Z	28	36	1000	1000	3500

2　结构及工作原理

2.1　结构

交流发电机的结构由两部分组成：三相同步交流发电机和硅二极管整流器，结构如图 1-2-2 所示。

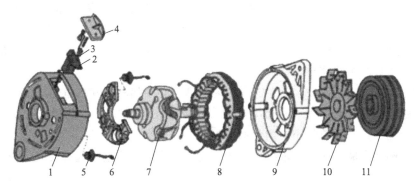

图 1-2-2　交流发电机主件

1—后端盖；2—点刷架；3—电刷；4—弹簧压盖；5—二极管；6—元件板；

7—转子；8—定子；9—前端盖；10—风扇；11—带轮

2.1.1　三相同步发电机

三相同步发电机的作用是产生三相交流电。主要由转子、定子、前后端盖、风扇、带轮等部件组成。

（1）转子　转子的作用是产生交流发电机的磁场。它由两块爪极、励磁绕组、轴和滑环组成，结构如图 1-2-3，实物如图 1-2-4 所示。

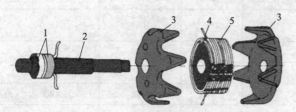

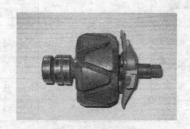

图 1-2-3　交流发电机的转子

1—滑环；2—轴；3—爪极；4—磁轭；5—励磁绕组

图 1-2-4　发电机转子

两块爪极具有相同数目的鸟嘴形磁极，压装在转子轴上，在两块爪极空腔内装有磁轭，其上绕有励磁绕组。励磁绕组的两根引出线分别焊在两个彼此绝缘的滑环上，滑环与装在后端盖上的电刷相接，当电刷与直流电源相接时，便有电流通过励磁绕组产生磁场，使得一块爪极磁化成 N 极，另一块磁化成 S 极，从而形成了 6 对互相交错的 N、S 磁极。

（2）定子　定子又称电枢，其作用是产生三相交流电，它由定子铁芯和定子线圈两部分组成，图示如图 1-2-5 所示、实物如图 1-2-6 所示。

图 1-2-5　定子图示

图 1-2-6　定子实物

定子铁芯由相互绝缘、内圆带槽的环形硅钢片叠成。定子槽内嵌入由漆包线绕成的三相绕组，并作星型连接，且三相绕组产生的电势大小相等，相位相差 120°。绕组遵循的原则：

① 每相绕组的线圈个数、每个线圈的节距和匝数必须相等；其中每个线圈的两个有效边之间的定子槽数称为线圈节距。

② 三相绕组的起端 A、B、C 在定子槽内的排列必须相隔 120°的电角度。

（3）端盖　端盖分前端盖（驱动端盖）和后端盖（整流端盖），均用非导磁的铝合金制成，以便减少漏磁，并且质量小，内部散热好。

前端盖外侧装有驱动交流发电机旋转的带轮。当带轮与风扇一起旋转时，对交流发电机内部进行冷却。

在后端盖上装有两个电刷和电刷架，借弹簧压力使电刷与滑环接触良好，提供励磁流。其中一个电刷与端盖绝缘，引出线到交流发电机后端盖上的接线柱为磁场接柱（标记为"F"或"磁场"）；另一个搭铁电刷的引线用螺钉固定在端盖上（标记"—"）。

2.1.2　硅整流器

硅整流器是由二极管组成的三相桥式整流电路，其作用是将三相交流电转变为直流电向外输出。它是由六只硅二极管和一块元件板组成。

（1）元件板　元件板（见图1-2-7）又称散热板，与后端盖绝缘。装有三个正极管和交流发电机的电源输出端子"B"（或"＋"、"A"）。

（2）二极管　二极管外形与表示符号如图1-2-8、图1-2-9所示，其引线与外壳分别为硅二极管的两个极。

图1-2-7　元件板

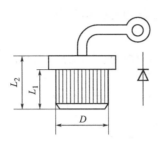

图1-2-8　二极管原理图

图1-2-9　二极管实物

由于交流发电机均为负极搭铁，压装在后端盖上的三个二极管为负极管，其中心引出线为负极，外壳为正极，引出线填充物有黑色（或绿色）标记。另三只管子中心引出线为正极，外壳为负极，称为正极管。其引出线填充物有红色（或绿色）标记。

因此，交流发电机的电路图示如图1-2-10所示，搭铁方式如图1-2-11所示。

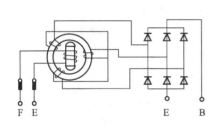

图1-2-10　交流发电机电路图

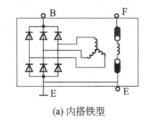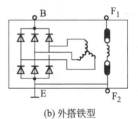

(a) 内搭铁型　　　　　(b) 外搭铁型

图1-2-11　交流发电机搭铁方式

2.2　工作原理

交流发电机的工作原理是基于电磁感应——导体在磁场内做切割磁力线运动时，会产生感应电势。发电机的转子线圈通电后，产生磁场，并在发动机的驱动下旋转，切割定子线圈，则定子线圈内产生感应电动势。

由于交流发电机的转子磁极呈鸟嘴形，其磁场分布近似正弦规律，所以交流电动势也近似为正弦波形。且三相绕组在定子槽中是对称分布的，产生的三相电动势大小相等，相位互差120°电角度。其瞬时值表达式为：

$$e_A = \sqrt{2}E + \sin\omega t$$

$$e_B = \sqrt{2}E + \sin(\omega t + 120°)$$

$$e_C = \sqrt{2}E + \sin(\omega t - 120°)$$

式中　E——每相电动势的有效值，$E = C_e\phi n$；

ω——电角速度，$\omega = 2\pi f = 2\pi\dfrac{pn}{60}$；

f——电动势变化频率，H；

p——磁极对数；

n——交流发电机转速，r/min；

ϕ——每极磁通。

发电机定子线圈感应电势的大小与转速 n 和磁通 ϕ 成正比。当发动机启动时，转速低，发电机输出电压较低，蓄电池除向用电设备供电外，同时向交流发电机的励磁绕组提供励磁电流，实现他励发电。随着发动机转速的增加，当达到一定值时，其输出电压除供用电设备外，还向铅蓄电池充电，并向励磁绕组提供励磁电流，实现发电机由他励转为自励。

2.3 整流

交流发电机是利用二极管的单向导电性，接成三相桥式整流电路，将交流电变成直流电后输出。其整流波形如图 1-2-12 所示。

① 其中三个正极管 D_1、D_3、D_5 的正极分别接在交流发电机三相绕组的首端 A、B、C，负极则接在元件板上，为交流发电机正极。其导通的原则是：在某一瞬间，哪一相电压最高，哪一相的正极管得正向电压而导通。

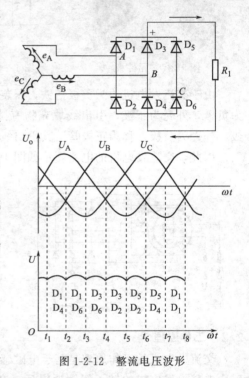

② 三个负极管子 D_2、D_4、D_6 的负极也分别接在三相绕组的首端，而它们的正极接在一起，成为发电机负极。其导通原则是：某一瞬间，哪一相电压最低，哪一相负极管子就获得正向电压而导通。

③ 输出时正负二极管各有一个导通，向负载 R 提供直流端电压。

且交流发电机输出的直流电压（即负载 R 两端的电压平均值）：

$$U = 1.35U_L = 2.34U_P ；且 U_L = \sqrt{3}U_P$$

式中　U_L——线电压有效值；

U_P——相电压有效值。

在三相桥式整流电路中每个周期内，每只二极管只有 1/3 的时间导通，则每个二极管的平均电流只有负载电流的 1/3。每只管子所承受的最高反向电压为线电压的最大值，即：

$$U_{D\max} = \sqrt{2}U_L = \sqrt{2} \cdot \sqrt{3}U_P = 2.45U_P = 1.05U$$

图 1-2-12　整流电压波形

通常工程机械使用的发电机，输出电压在 27.5～29.5V 之间，超过蓄电池电压 24V 时，开始充电。某一瞬间，哪一相电压最低，哪一相负极管子就获得正向电压而导通。

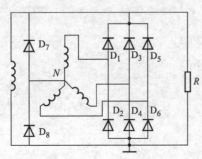

图 1-2-13　八管交流发电机

若交流发电机的中性点输出电压，并加装两只中性点二极管，则发电机就组成八管交流发电机（见图 1-2-13）。

且中性点接线柱标记为"N"，输出电压值 U_N 为半波整流电压，即直流输出电压的一半。

$$U_N = 1/2U$$

中性点电压一般用来控制各种用途的继电器，如磁场继电器、充电指示灯继电器等。

工程机械中，有的发电机除了常用的六只二极管外，又加装了三个功率较小的二极管专供磁场电流，输出端子标号为 R（或 $D+$），组成了九管交流发电机（见图 1-2-14）。其实物图示如图 1-2-15 所示。

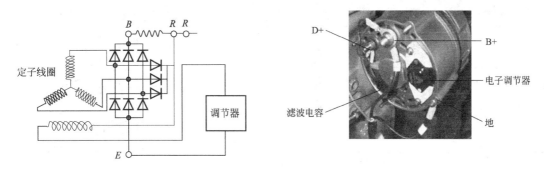

图 1-2-14　九管交流发电机　　　　　图 1-2-15　九管交流发电机实物

2.4　交流发电机的特性

决定交流发电机运行的物理量有四个：端电压 U、励磁电流 I_L、输出电流 I、转速 n。这些物理量之间的关系就叫做交流发电机的运行特性，简称发电机特性。

2.4.1　输出特性

所谓输出特性，即指交流发电机在端电压 U 保持不变时（12V 系统发电机的电压为 14V；24V 系统规定的电压为 28V），输出电流 I，随转速 n 的变化关系，如图 1-2-16 所示。

① 当交流发电机转速很低时（$n<n_1$），因端电压低于额定电压值，因此不能向外发电。当转速达到 n_1 时（空载转速），电压达到额定值；当转速高于 n_1 时，交流发电机才有能力保持在额定电压下向外供电。n_1 可作为选择交流发电机传动比的依据。

② 当转速 $n>n_1$ 时，输出电流，且随转速的增加而增加；当转速 n 达到 n_2 时，交流发电机对外输出额定功率 W_e，且 n_2 称为满载转速，它是使用中判断发电机技术状况的重要指示。

③ 当交流发电机达到一定转速时，输出电流不再随转速 n 的增加而升高。这时的电流值称为交流发电机最大输出电流（约为额定电流的 1.5 倍）。该性能表明交流发电机具有自动限流能力。

这主要是由于定子线圈具有一定的感抗，而感抗与转速成正比。所以转速增加时，感抗也随之增加，于是产生较大的内压降，使输出电流达到一定值后基本不随转速的增加而增加。

2.4.2　空载特性

空载特性指发电机在没有负载时（即 $I=0$），电压随转速的变化关系如图 1-2-17 所示。

从曲线上可以看出，随转速 n 的升高，交流发电机端电压上升很快。当交流发电机由他励转入自励时，可向铅蓄电池进行充电。

2.4.3　外特性

外特性是指交流发电机在一定转速时端电压与输出电流的关系，如图 1-2-18 所示。

交流发电机转速越高，其端电压越高，输出电流也越大。在转速一定时，交流发电机输出电流增大时，端电压将有所下降。当输出电流达到一定值时，其电压和输出电流将同时减小。因此，交流发电机的端电压是随负载大小的变化而变化。故用于工程机械上的交流发电机要安装电压调节器来保持电压恒定，如果发电机在高速运转时，突然失去负载，电压会突然升高，致使发电机及调节器等电子元件有被击穿的危险。因此，必须保证发电机与蓄电池的可靠连接。

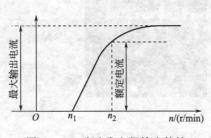

图 1-2-16　交流发电机输出特性

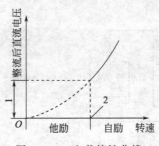

图 1-2-17　空载特性曲线
1—蓄电池电压；2—开始流电

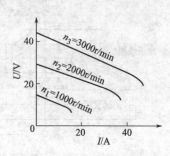

图 1-2-18　外特性曲线

3　交流发电机的正确使用

① 发电机为负极搭铁，故蓄电池也必须负极搭铁。

② 发电机运转时，不得用试火花的方法检查发电机是否发电。

③ 发电机不发电时，应及时排除故障，不应再继续运转。

④ 发电机与蓄电池间的导线应连接牢固，防止突然断开，损坏发电机。

⑤ 在车上未断开发电机线路之前，绝不能用充电机为蓄电池充电。

⑥ 整流器和定子线圈连接时，禁止用兆欧表或 220V 交流电源检查发电机的绝缘情况。

工作情境设置

交流发电机的故障检测

当发动机工作时，电源系充电指示灯亮或电流表指示放电，首先需判断发电机是否发电。

一、工作任务要求

1. 会判断不同类型的发电机是否正常工作。

2. 能正确描述端子作用，并会使用仪器、仪表熟练操作，并记录参数，判断故障。

3. 会正确拆装发电机，并能更换部分损坏元件。

二、器材

发电机、测试灯、万用表、导线、蓄电池、常用工具等。

三、完成步骤

1. 交流发电机就车测试

启动发动机，给发电机励磁绕组激磁，测发电机输出电压接线柱 B＋是否有输出。若有，则记录输出电压值；若无电压，则发电机有故障。

2. 交流发电机不解体检测

交流发电机不解体时，用万用表（R×1 挡位）测量发电机各接线柱之间的电阻值，并记录；参考正常参数表（见表 1-2-5），判断所给发电机性能是否正常。

表 1-2-5　JF132 型交流发电机各接线柱之间的电阻值　　　　　单位：Ω

"F"与"E"	"B"与"E"		"B"与"F"	
	正向	反向	正向	反向
6～8	40～50	>10k	50～60	>10k
1. $R>R_{标}$，则电刷与滑环接触不良 2. $R<R_{标}$，则磁场绕组短路 3. $R=\infty$，则磁场绕组短路 4. $R=0$，则"F"接线柱搭铁	1. $R_{正}<R_{标}$，则二极管短路 2. $R_{正}=R_{反}=0$，则"B"接线柱搭铁或正、负二极管至少有一个短路 3. $R_{正}>R_{标}$，则二极管短路		1. $R_{正}<R_{标}$，则二极管短路 2. $R_{正}=$，则"B"接线柱搭铁或正、负二极管至少有一个短路 3. $R_{正}=\infty$，则磁场绕组断路	

3. 交流发电机的解体

1）拧下电刷组件的两个固定螺钉，取下电刷组件。

2）拧下后轴承盖的三个固定螺钉，取下后轴承防尘盖，再拧下后轴承处的紧固螺母。

3）拧下前后端盖的连接螺栓，轻敲前后端盖，使前后端盖分离。

4）从后端盖上拆下定子线圈端头，使定子总成与后端盖分离。

5）拆下整流器总成。

6）拆下带轮固定螺母，从转子上取下带轮、半圆键、风扇和前端盖。

7）用布或棉纱蘸适量清洗剂小心擦洗转子线圈、定子线圈、电刷及其他机件，绝缘部分严防汽油浸泡。

4. 交流发电机解体后元件的技术检测

（1）硅二极管的检查。用万用表的欧姆挡位测量正负二极管的正反电阻值，并记录填入表中。

先将万用表两根测棒分别接在二极管的两极上检测一次，然后交换两表笔的位置再测一次，若 $R_{正}=8～10Ω$，$R_{反}=\infty$，则该二极管良好；若 $R_{正}=R_{反}=0$，则该二极管短路；若 $R_{正}=R_{反}=\infty$，则该二极管断路。

目前，工程机械常用整流二极管的安装方式有焊接式和压装式两种。在更换故障二极管时，一定要检测与识别极性，以免错装。当二极管或整流板总成上无任何标记时，可用万用表来判断其极性，注意万用表有指针式和数字式（见图 1-2-19）两种，其电阻挡的内部电路不同，指针式万用表的正极（红表棒）为表内电源的负极，而数字式万用表的正极（红表棒）为表内电源的正极。

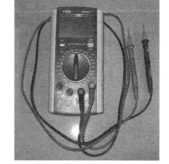

图 1-2-19　数字式万用表

以数字式万用表为例，说明判断方法。将万用表正表笔（红色）接二极管中心引线，负表笔（黑色）接二极管的外壳，观察万用表读数，若阻值 $R=8～10Ω$，则该二极管为正极管；若 $R≈10kΩ$，则该二极管为负极管。

（2）转子的检测

1）励磁绕组的检测。用万用表（R×1）挡测两滑环之间的阻值，并记录填入表中。检测方式如图1-2-20所示。

若 $R=\infty$，则说明励磁绕组断路；若 $R=R_标$，则说明绕组良好；若 $R<R_标$，则说明绕组有匝间短路故障。

对于绕组断路而断头在焊接处时，可以重新焊接。若是断路、短路和搭铁故障无法排除时，则更换转子总成。

2）磁场绕组与转子铁芯应绝缘，即 $R=\infty$。

3）滑环及电刷的检测。检查滑环表面是否有烧蚀，若有则可用0号砂纸打磨；若烧蚀严重应在车床上加工，但滑环厚度不能小于1.5mm，电刷的高度不得低于7mm，否则应予更换。

（3）定子的检测　定子线圈的故障一般有断路、短路和搭铁，按图1-2-21所示检测，并记录检测值；

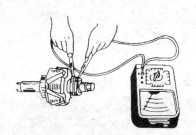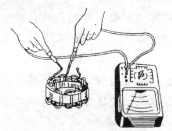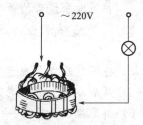

图1-2-20　励磁绕组检测　　　　图1-2-21　定子线圈检测　　　　图1-2-22　定子线圈搭铁检测

正常时，$R_a=R_b=R_c$；若 $R=\infty$，则线圈有断路；定子线圈的阻值一般很小（150～200mΩ），所以用测量电阻的办法很难检测其短路故障，可用示波器检测交流发电机端电压的波形来判断。

定子线圈有无搭铁，可用图1-2-22所示的方法检查。若交流试灯不亮，则说明绝缘良好，否则为线圈有搭铁故障。

（4）传动带　传动带张力不宜过松或过紧：用100N的力压在带的两个传动轮之间，新带挠度为5～10mm，旧带为7～14mm。传动带过松会导致发电机"丢转"，造成发电量不足、蓄电池亏电等故障。传动带过紧可能造成发电机轴承损坏、安装座断裂等。

安装：带轮槽与主动轮槽应在同一平面内。

5.发电机的装配

发电机的装配顺序按照拆卸的反方向进行，但应注意以下几点：

1）各零、部件应保持清洁。

2）配合部位应涂机油润滑。

3）各部件所装配的垫片（包括调整垫、绝缘垫等）应按要求装回，不得遗漏。

4）对于整体式、电刷架内置的发电机，将转子轴装入后轴承时，应注意将电刷压入孔中，以免折断。

5）装配后应检查各转动部位是否能灵活转动。

交流发电机检测记录表

检测任务		检测值	结　论
就车电压	怠速电压	$U_B=$	
	加速电压	$U_B=$	
整体测试	"F"与"E"	$R_{FE}=$	
	"B"与"E"	$R_{BE正}=$	
		$R_{BE反}=$	
	"B"与"F"	$R_{BF正}=$	
		$R_{BF反}=$	
元件测试	二极管　正极管	$R_{正向}=$	
		$R_{反向}=$	
	负极管	$R_{正向}=$	
		$R_{反向}=$	
	正负二极管的判别（数字式万用表）	$R_{引、外}=$	
		$R_{外、引}=$	
		$R_{引、外}=$	
		$R_{外、引}=$	
	转子　励磁绕组的阻值	$R_F=$	
	线圈与铁芯之间的阻值	$R=$	
	滑环与轴之间的阻值	$R=$	
	滑环表面及滑环厚度	$H=$	
	定子　三相绕组间的阻值	$R_{ab}=$	
		$R_{ac}=$	
		$R_{bc}=$	
	线圈与铁芯间的阻值	$R=$	
	电刷架　两电刷间的阻值	$R=$	
	电刷与外壳间的阻值	$R=$	
	电刷的长度	$L_1=$	
		$L_2=$	

■ 习题

一、简答题

1. 简述交流发电机的主要部件并说出它们的作用。

2. 如何正确使用发电机？

3. 8管、9管、11管交流发电机中分别有几只硅整流管二极管？几只励磁二极管？

4. 如何判断交流发电机的搭铁类型？

5. 组成发电机整流器的二极管有何特点？

6. 如何诊断交流发电机有不发电故障？

二、判断题

1. 启动机每次启动的时间不得超过5s，相邻两次启动之间应间隔15s。（　　）

2. 汽车用交流发电机由一台三相同步交流发电机和一套硅整流器组成。（　　）

3. 定子线圈的连接方式有星形和三角形两种方式，交流发电机常采用三角形。（　　）

4. 交流发电机是利用硅二极管的单相导电特性把交流电转换为直流电。（　　）

5. 交流发电机的输出特性表明它具有限制输出电流的能力。（　　）

6. 工程机械电源系中的充电指示灯亮，表明蓄电池处于充电状态，硅整流发电机处于自励发电状态。
   （　　）

7. CA1091型汽车电源系中除装有电流表外，还加装了充电指示灯，它是由发电机的输出电压进行控制的。
   （　　）

8. 检测发电机输出端子B是否搭铁，可用摇表检测。（　　）

9. 不允许用发电机的输出端搭铁试火的方法来检查发电机是否发电，否则将会烧毁发电机的电源。（　　）

三、选择题

1. 交流发电机中产生磁场的装置是（　　）。

   A. 定子　　　　　　　　B. 转子　　　　　　　　C. 电枢　　　　　　　　D. 整流器

2. 在讨论充电系统运行时，甲说蓄电池状况对充电系统运行无影响，乙说定子是产生磁场的转动部件，你认为（　　）。

   A. 甲正确　　　　　　　B. 乙正确　　　　　　　C. 甲乙都对　　　　　　D. 甲乙都不对

3. 在讨论定子结构时，甲说Y形连接是最常用的接法，乙说Y形连接是一相绕组起端接另一相绕组尾端，你认为（　　）。

   A. 甲正确　　　　　　　B. 乙正确　　　　　　　C. 甲乙都对　　　　　　D. 甲乙都不对

4. 在讨论充电系统调节时，甲说交流发电机需要限流；乙说励磁电流越大输出电压越低，你认为（　　）。

   A. 甲正确　　　　　　　B. 乙正确　　　　　　　C. 甲乙都对　　　　　　D. 甲乙都不对

5. 甲和乙用MF-47型万用表检测JF132N型发电机，测B与E之间的电阻，正向为50～60Ω，反向为20kΩ，甲认为三相绕组及二极管都是好的，乙认为二极管是好的，而且磁场也没有问题，你认为（　　）。

   A. 甲正确　　　　　　　B. 乙正确　　　　　　　C. 甲乙都对　　　　　　D. 甲乙都不对

6. 检查充电电流过小故障，拆下发电机B和F接线柱的导线，用试灯的两根接线分别触及B和F接线柱，启动发动机，并逐渐提高转速，同时观察试灯，若试灯随发动机转速增加而亮度增加；甲说故障在发电机；乙说故障在调节器，你认为（　　）。

   A. 甲正确　　　　　　　B. 乙正确　　　　　　　C. 甲乙都对　　　　　　D. 甲乙都不对

7. 甲和乙在讨论电源系统的电路，甲说只要充电指示灯亮，就说明充电系统一定有故障，乙说充电指示灯都是由发电机中点电压控制的；你认为（　　）。

   A. 甲正确　　　　　　　B. 乙正确　　　　　　　C. 甲乙都对　　　　　　D. 甲乙都不对

8. 硅整流交流发电机电源输出接线柱在外壳上标记符号为（　　）。
   A. B+　　　　　　　　　B. F　　　　　　　　　C. E　　　　　　　　　D. N
9. 交流发电机中性点的输出电压是交流发电机输出电压的（　　）倍。
   A. 1/4　　　　　　　　　B. 1/3　　　　　　　　C. 1/2　　　　　　　　D. 相等
10. 交流发电机中装在后端盖上的二极管（　　）。
   A. 是正极管　　　　　　B. 是负极管　　　　　　C. 既可是正极管又可是负极管

任务 3　电压调节器的检测

【先导案例】
　　交流发电机输出电压恒定，主要通过电压调节器来控制。若发电机不发电或输出电压偏高时，产生故障的原因主要是电压调节器故障。那么，电压调节器是如何保持交流发电机输出电压恒定的呢？

1　概述

1.1　功用及调压原理

　　电压调节器是用来保持交流发电机输出电压恒定的。
　　发电机的转子是由发动机驱动，其传动比为固定值。由 $E = C_e \Phi n$ 可知，输出电压与转速 n 和磁通 Φ 的乘积成正比。当交流发电机转速 n 发生变化时，调节器通过改变励磁绕组的电流大小，即改变磁通 Φ，自动调节电压使其保持稳定。

1.2　分类

　　电压调节器根据其结构特点及工作原理可分为：触点式电压调节器、电子调节器和集成电路调节器。

1.2.1　触点式电压调节器

　　它是通过一对（单级式）或两对（双级式）触点的反复断开和闭合来改变磁场电路的电阻，以调节磁场电流。

1.2.2　电子调节器

　　它是利用晶体管的开关特性，使磁场电路接通和断开来调节磁场电流。

1.2.3　集成电路调节器

　　它分为全集成电路调节器和混合集成电路调节器两类。前者是将晶体管、二极管、电阻等元件同时制在一块硅基片上；后者是由厚膜或薄膜电阻与集成的单片芯片或分立元件组装而成。目前使用最广泛的是厚膜混合集成电路调节器。

2　不同类型电压调节器的工作原理

2.1　单级电磁振动式电压调节器

　　该调节器由一常闭触点、线圈、附加电阻、弹簧等组成，原理图如图 1-3-1 所示，实物图如图 1-3-2 所示，外部有"B"、"—"、"F"三个接线端子，
　　(1) 接线特点　调节器采用内搭铁方式，"B"接"电锁"，给调节器提供电源；"F"接"发电机的磁场绕组"，提供励磁电流，控制发电机磁场绕组的进线；"—"与外壳连接，搭铁。

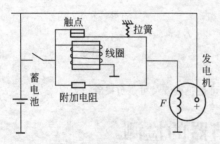

图 1-3-1 单级电磁振动式电压调节器

图 1-3-2 电磁振动式电压调节器

（2）工作过程

① 发电机不转时，合电锁，常闭触点将附加电阻短接，此时电流回路有两条：

a. 蓄电池→开关→常闭触点→磁场线圈→搭铁，提供励磁电流，使发电机转子产生磁场。

b. 蓄电池→开关→线圈→搭铁；此时线圈得电，产生的电磁力（F）小于弹簧弹力（$F_弹$），使触点保持闭合。

② 发动机转速较低时，且发电机输出电压小于 12V，发电机通过调节器他励；电流回路发电机不转时相同。

③ 随着转速的增加，发电机输出电压大于 12V 时，发电机自励，同时向蓄电池充电，电流回路为：

a. 发电机→开关→常闭触点→磁场线圈→搭铁。

b. 发电机→开关→线圈→搭铁。

④ 当发电机的转速继续增加，输出电压高到某一值 U_1 时，此时 b 路线圈产生的电磁力 $F>F_弹$，使触点断开。电流回路则为：

a. 发电机→开关→附加电阻→磁场线圈→搭铁。

b. 发电机→开关→线圈→搭铁。

由于 a 路中，发电机的磁场绕组串入附加电阻，使磁场线圈电流减小，磁通量下降，发电机输出电压下降。当降到某一值 U_2 时，b 路线圈产生的电磁力 $F<F_弹$，又使触点闭合，恢复到③的电流回路，循环往复。

这样调节器通过触点的快速开闭，使交流发电机输出电压随转速的变化，在 U_1 和 U_2 之间脉动，其电压平均值 U_0 则为调节器的调节电压，其电压的脉动曲线如图 1-3-3 所示。

通常带调节器的发电机，12V 时，输出电压为 13.5～14.8V；24V 时，输出电压为 27.5～29.5V。

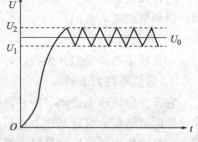

图 1-3-3 电压脉动曲线

2.2 双级电磁振动式电压调节器

若发电机处于高速状态，虽然常闭触点断开，附加电阻串入磁场，使磁通量下降，但发电机的输出电压仍高于 U_1，且随着转速的增加而继续增加，这时单级电磁振动式电压调节器失控，起不到调压作用，因此须改进为双级电磁振动式电压调节器。其基本电路如图 1-3-4 所示。

该调节器与单级式的主要区别在于其内部增设了一对常开的搭铁高速触点 K_2。引出的端子仍为"+"、"-"、"F"，接线方式与单级式的相同，其工作过程：

① 发动机不转或转速低时，常闭触点 K_1（低速触点）的工作和单级电磁振动式电压调节器的工作过程相同。

② 当交流发电机的转速继续升高，输出电压高于一定值，使 $F>F_{弹}$，动触点悬空，触点 K_1、K_2 均断开，调节器处于失控状态，电流回路为：

　　a. 发电机→附加电阻→磁场绕组→搭铁。

　　b. 发电机→线圈→搭铁。

③ 当交流发电机的转速再继续升高，输出电压继续增加，线圈产生的电磁力使动触点进一步下移，导致 K_2 闭合，电流回路为：

　　a. 发电机→附加电阻→K_2→搭铁。

　　b. 发电机→线圈→搭铁。

此时发电机磁场绕组被短路，励磁电流趋于零，输出电压迅速下降，导致线圈产生的电磁力减小，K_2 打开。发电机的磁场绕组又通过附加电阻得电，输出电压又升高，循环往复，使输出电压维持在某一恒定值，即二级调压值。其调压曲线如图 1-3-5 所示。

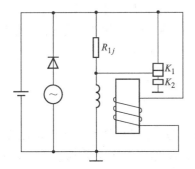

图 1-3-4　双级电磁振动式电压调节器

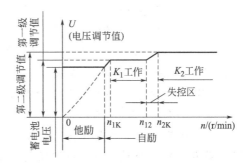

图 1-3-5　双级调压曲线

双级电磁振动式电压调节器具有火花小、使用寿命长的特点，适用于转速范围大的发动机。

电磁振动式电压调节器为保证发电机输出电压平稳，虽采用提高触点振动频率（减小机械惯性、安装加速电阻）、温度补偿（加装温度补偿电阻、利用磁分路）和灭弧系统等技术措施，但其仍存在振动频率低、安全性能差、使用寿命短等缺点，不能满足工程机械的需要。

2.3 电子调节器

电子调节器是由晶体管、二极管、稳压管及电阻等元件组成，它无触点、线圈和振动部件，结构简单，调节性能好，工作可靠，在工程机械中广泛应用。其电路图如图 1-3-6 所示，实物图如图 1-3-7 所示。

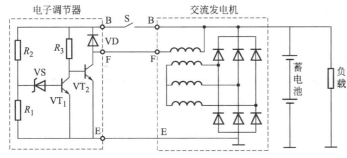

图 1-3-6　外搭铁电子调节器基本电路

图 1-3-7　电子调节器

（1）接线特点　外部的三个接线端子"B"、"—"、"F"分别接"电锁"、"搭铁"、"发电机的励磁绕组"。

（2）结构特点　VT_2 是大功率开关晶体管，与发电机磁场绕组串联，控制励磁电流；晶体管 VT_1 控制 VT_2 的导通和截止；电阻 R_1 和 R_2 构成分压器与发电机并联；稳压管 V_s 与 VT_1 的基极（b）反向串联，控制 VT_1 的导通和截止。

（3）工作过程

① 合电锁 S，蓄电池电压加在调节器的 BE 端，稳压管 V_s 端电压小于击穿电压而截止，VT_1 无基极正向偏置电压而截止，电阻 R_3 提供 VT_2 正向偏置电压使其导通，接通发电机磁场电路，提供励磁电流。电流回路为：

a. 蓄电池"＋"或"B"→电锁→R_1→R_2→搭铁。

b. 蓄电池"＋"或"B"→电锁→R_3→VT_2→搭铁。

c. 蓄电池"＋"或"B"→发电机磁场绕组→VT_2→搭铁。

② 随发电机转速升高，输出电压高于蓄电池电压时，给蓄电池充电，发电机自励。当输出电压高于调节电压值时，R_1 的分压使稳压管 V_s 端电压大于击穿电压而导通，提供 VT_1 基极正向偏置电压，使 VT_1 导通；同时 VT_2 因正向偏置电压为零而截止，切断发电机磁场电路，励磁电流趋于零，发电机输出电压下降。电流回路为：

a. "B"→电锁→R_1→R_2→搭铁。

b. "B"→电锁→R_2→V_s→VT_1→搭铁。

c. "B"→R_3→VT_1→搭铁。

③ 当发电机电压低于调压值时，R_1 的分压又使稳压管 V_s 端电压小于击穿电压而截止，则 VT_1 截止，VT_2 导通，发电机磁场电路又接通，发电机输出电压又升高。循环往复，使发电机输出电压保持恒定。

通常电压调节器与发电机的连接可分为内搭铁和外搭铁两种，其接线方式如图 1-3-8 所示。其中，内搭铁调节器控制的是磁场绕组的进线（电源线）；外搭铁调节器控制的是磁场绕组的出线（搭铁线）。

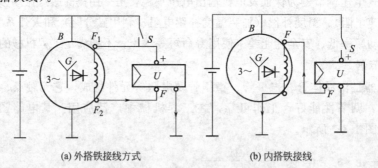

(a) 外搭铁接线方式　　　　　(b) 内搭铁接线

图 1-3-8　发电机与调节器的接线方式

若将电子调节器中二极管、晶体管、电阻等电子元件同时制在一块硅基片上或用厚膜电阻、集成的单片芯片组装，则构成体积小、质量轻、耐高温、寿命长的集成电路调节器。装在发电机内部，就是目前工程机械上常用的整体式交流发电机。

3　调节器的正确使用

① 调节器与发电机的电压等级、搭铁方式必须一致。

② 发电机的功率不得超过调节器设计时所能配用的交流发电机的功率。

③ 使用时必须根据使用说明书所给电路正确接线。

④ 调节器输入电压必须受电锁控制。

工作情境设置

电压调节器的检测

一、工作任务要求

1. 会检测电磁振动式电压调节器的参数值，并正确调整。

2. 能正确判断电子调节器的搭铁方式。

3. 能判断电子调节器的好坏。

二、器材

蓄电池、调节器、万用表、导线、不同规格的测试灯、可调直流稳压电源等。

三、完成步骤

1. 电磁振动式电压调节器

(1) 触点的检查　检查触点是否有脏污、烧蚀现象。如有，则应擦拭干净或用细砂纸磨平。

(2) 电阻、线圈的检查　用万用表检测电阻、线圈的阻值，并记录测试值，与所给参考数据（见表 1-3-1）相比较，判断是否有断路和短路故障。

(3) 触点间隙的检查及调整　查触点间隙是否符合参考值，否则需上下移动静触点支架，调整触点间隙。

表 1-3-1　电磁振动式调节器的电阻、线圈及各间隙的调整数据

型号	调节电压/V	衔铁与铁芯间的间隙/mm	高速触点间隙/mm	电阻/Ω			线圈电阻/Ω
				调节电阻	加速电阻	补偿电阻	
FT70	14	1.2～1.3	0.3～0.4	9	0.4	20	7.2
FT70A	28	1.2～1.3	0.3～0.4	40	2	80	30
FT61	14	1.05～1.15	0.25～0.3	8.5	1	13	9.5
FT61A	28	1.2～1.3	0.2-0.3	40	2	80	30

2. 电子调节器

(1) 调节器搭铁方式的判断　用 12V 的蓄电池和两只 12V、2W 的灯泡，按图 1-3-9 所示接线，若"＋"与"F"之间的灯泡亮，"－"与"F"之间的灯泡不亮，则为"外"搭铁；若"＋"与"F"之间的灯泡不亮，"－"与"F"之间的灯泡亮，则为"内"搭铁。

(2) 调节器好坏的判断　直流稳压电源和 12V、20W 的灯泡（当作励磁绕组）按图 1-3-10 所示接线，电源电压由零逐渐增加，灯泡应逐渐变亮，当电压升到调压值（14V＋0.2V）时，灯泡突然熄灭（调节器的调节电压为 14V，高于此值时，调节器内部的晶体管截止，切断灯泡回路，灯熄灭）；再把电压逐渐降低，灯泡又点亮，同时亮度随电压的降低而减弱，则调节器良好。若灯泡随电压的变化一直亮或不亮，则说明调节器有故障。

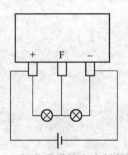

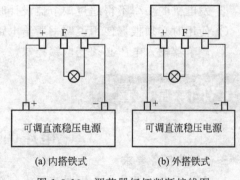

(a) 内搭铁式   (b) 外搭铁式

图 1-3-9 调节器搭铁方式判断接线图   图 1-3-10 调节器好坏判断接线图

调节器的检测记录表

检测任务			检测值	结论
电磁振动式调节器	触点	衔铁与铁芯间的间隙/mm	$d_1 =$	
		高速触点间隙/mm	$d_2 =$	
	阻值	调节电阻/Ω	$R =$	
		加速电阻/Ω	$R =$	
		补偿电阻/Ω	$R =$	
		线圈电阻/Ω	$R =$	
电子调节器	搭铁方式	"+"与"F"之间的测试灯		
		"－"与"F"之间的测试灯		
	好坏判断	U 逐渐增加时,测试灯的状态		
		U 逐渐减小时,测试灯的状态		

习 题

1. 为使电磁振动式电压调节器输出电压平稳，常采用哪些技术措施？

2. 分析图 1-3-4 所示的双级电磁振动式电压调节器的工作过程；并说明在该电路中，若附加电阻烧断，将出现什么现象（如电流表指示、充电指示灯灯光的亮度、触点间的火花等）？

3. 若双级电磁振动式电压调节器中，高速触点搭铁不良或烧蚀连接柱，对调节器的工作有何影响？

4. 如图 1-3-6 所示的电子调节器中，若大功率晶体管 VT_2 短路或断路，会导致什么结果？

5. 电子调节器中，稳压管起什么作用？稳压管击穿电压的增加或减小对调节器有哪些影响？

6. 调节器与发电机的接线方式分哪几种？各有什么特点？且如何判断调节器的搭铁方式（说明原因）？

7. 画出可判断调节器好坏的电路，并说明其判断好坏的方法。

任务 4 电源电路分析及常见故障检测

【先导案例】

　　工程机械作业时，若充电指示灯突然点亮，电流表充电电流偏大或不稳，则说明机械的电源系统出现故障。要排除电源系统故障，就必须读懂不同类型的电源系统电路图。那么根据电源系统出现的故障现象，如何分析、判断、排除故障呢？

1　电器元件

1.1　电锁（开关）

电锁（开关）如图 1-4-1 所示。

该电锁有四个挡位，六个接线端子，当启动开关转至"ON"位置时，主电源接通；当启动开关转至"START"位置时，发动机启动，启动完成后，松开钥匙，启动开关自动返回至"ON"位置。接线图如图 1-4-2 所示，其中：

① B1 和 B2 端子始终带电，来自蓄电池。

② M 端子至蓄电池继电器 2 端子。

③ G2 端子至启动继电器。

④ S 端子至监控器。

图 1-4-1　电锁（开关）

	B1	B2	M	G2	G1	S
预热(HEAT)	○	○			○	
关闭(OFF)	○	○				
正常(ON)	○	○	○			
启动(START)	○	○	○	○		○

图 1-4-2　电锁接线图

判断其好坏的检测方法：将电锁置于不同挡位时，用万用表检测其相应端子的通断情况，若不符合其接线图要求，则说明电锁有故障。

1.2　继电器

它是通过线圈通电产生的电磁力，控制触点吸合和释放实现控制电路的通断的控制电器。其结构图如图 1-4-3 所示，电器符号如图 1-4-4 所示。

该继电器为双触点，继电器的控制端与搭铁端不得接反，若不带二极管，则无正负之分。

判断其好坏的检测方法：用万用表检测其线圈、相应端子的通断情况是否符合要求；或给线圈通电后，检测其端子的通断情况是否符合要求。

注意：检测时，应注意继电器线圈、触点的端子标号。

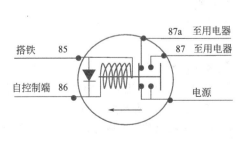

图 1-4-3　继电器结构图

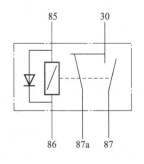

图 1-4-4　继电器电器符号

2 不同类型电源电路分析

2.1 九管整流发电机的电源电路

九管整流发电机的电源电路如图 1-4-5 所示。

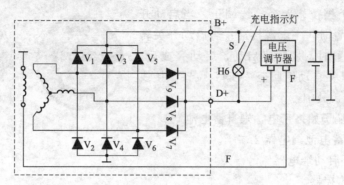

图 1-4-5　九管整流发电机的电源电路

该电路采用内搭铁接线方式，其工作过程为：

① 合开关 S，充电指示灯亮，蓄电池通过调节器给发电机提供励磁电流，发电机他励；电流回路为：蓄电池"＋"→S→指示灯→调节器"＋"→调节器"F"→发电机磁场绕组→蓄电池"－"。

② 发动机启动后，随着转速的增加，输出端"B＋"、"D＋"的电压同时增加，两端电位差逐渐减小。当发电机输出电压高于蓄电池电压充电时，两端电位差为零，指示灯灭，发电机自励。励磁回路为：发电机"D＋"→调节器"＋"→调节器"F"→发电机磁场绕组→"－"。

③ 当交流发电机有故障时，"D＋"端无电压输出或输出电压偏低时，充电指示灯亮，警告操作人员及时停车，排除电源系统故障。

2.2 带组合继电器的电源电路

带组合继电器的电源电路如图 1-4-6 所示，该电路采用外搭铁接线方式，组合继电器为双线圈，双触点。线圈 L_1 控制常开触点 K_1，线圈 L_2 控制常闭触点 K_2，其工作过程为：

① 合开关到一挡，端子 2 得电，其中一路使充电指示灯亮，另一路通过调节器提供发电机励磁电流。其充电指示灯电流回路为：

蓄电池"＋"→30A 熔断器→电流表→开关→指示灯→L 端子→K_2→蓄电池"－"。

发电机励磁回路为：

蓄电池"＋"→30A 熔断器→电流表→开关→5A 熔断器→发电机 F_2 端子→励磁线圈→发电机 F_1 端子→调节器 F 端子→调节器→蓄电池"－"。

② 发动机启动后，随着转速的增加，发电机输出端"＋"和中性点"N"的电压同时增加。且线圈 L_2 的电流回路：

发电机中性点输出"N"→继电器 N 端子→线圈 L_2→蓄电池"－"。

当发电机输出电压高于蓄电池电压时，蓄电池通过电流表充电，同时发电机中性点的电压使线圈 L_2 产生电磁力导致 K_2 断开，则充电指示灯灭，发电机自励。此时励磁回路为：

发电机"＋"→开关→5A 熔断器→发电机 F_2 端子→励磁线圈→发电机 F_1 端子→调节器 F 端子→调节器→蓄电池"－"（搭铁）。

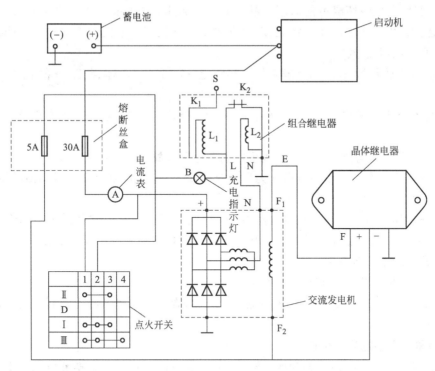

图 1-4-6 带组合继电器的电源电路

③ 当发电机不发电时，则中性点无输出，组合继电器内 K_2 始终保持闭合，则充电指示灯亮，警告操作人员及时排除电源系统故障。

2.3 整体式交流发电机的电源电路

整体式交流发电机的电源电路如图 1-4-7 所示，整体式交流发电机采用外搭铁方式，输出 4 个端子，其中"B"为发电机输出端子，用导线接蓄电池"＋"极或启动机；"IG"接电锁；"L"接充电指示灯；"S"为调节器的电压检测端子，接蓄电池"＋"。调节器内的晶

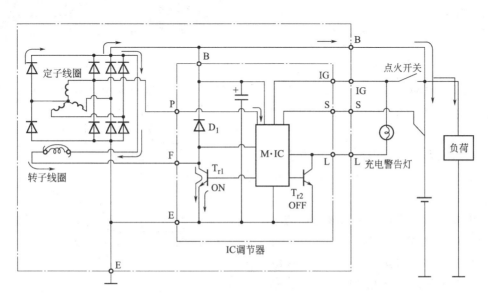

图 1-4-7 整体式交流发电机的电源电路

体管 T_{r1} 控制发电机磁场绕组的通断，晶体管 T_{r2} 控制充电指示灯的亮和灭。M.IC 为控制器，P 端检测发电机输出电压，控制 T_{r2} 的通断；S 端检测蓄电池的充电电压，作为调节电压，控制 T_{r1} 的通断。其中：

发电机励磁回路为："＋"→发电机磁场绕组→F 端子→晶体管 T_{r1} →蓄电池"－"（搭铁）；

指示灯回路为：蓄电池"＋"→开关→充电指示灯→L 端子→晶体管 T_{r2} →蓄电池"－"（搭铁）。

当仪表盘上的充电指示灯亮时，则说明电源电路有故障。如：

① 若发电机不发电，即 P 点电压为零，控制器 M.IC 检测到这一信号，使晶体管 T_{r2} 接通，指示灯亮报警。

② 若输出端子 S 处断路，则控制器 M.IC 检测不到这一电压信号，使晶体管 T_{r2} 接通，指示灯亮报警。同时 B 点电压作为调节电压，防止发电机输出电压异常增加。

③ 若输出端子 B 处断路，则 S 处检测电压变低，控制器 M.IC 判断蓄电池不充电，报警指示灯亮的同时，内部 B 点电压作为调节电压。

④ 若 F、E 短路时，磁场电流不被晶体管 T_{r1} 控制，使端子 S 处电压高于规定值，则指示灯报警。

2.4 工程机械典型电源供电电路

工程机械典型电源供电电路如图 1-4-8 所示，该电路增加了大功率蓄电池继电器作为电源开关，其实物如图 1-4-9 所示，其工作过程：

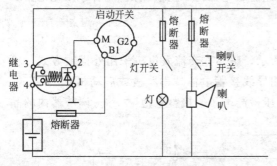

图 1-4-8 电源供电电路

图 1-4-9 蓄电池继电器

合电锁（启动开关）于 ON 挡，则端子 B1、M 接通，继电器线圈（2、1）得电，产生电磁力使触点（3、4）闭合，则电源向用电设备供电。

工程机械电器电路中，由于用电设备开关过流能力弱，若直接控制大负荷的电器，会导致开关烧毁。因此，电路中通常增加继电器，用电器开关控制继电器的线圈，用大负荷的继电器触点控制用电设备，实现电器元件的安全、可靠。选用继电器时，注意其过载电流与电器元件功率相匹配。

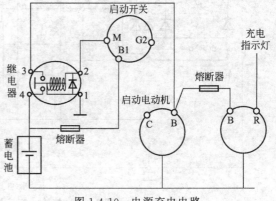

图 1-4-10 电源充电电路

2.5　工程机械电源充电电路

　　工程机械电源充电电路如图 1-4-10 所示，该电路发电机为九管交流发电机（见图 1-2-14），输出端子 R（D+）接充电指示灯。当电锁（启动开关）置于启动挡，端子 B1、M、G2 接通，继电器线圈得电，使启动机、发电机 B 端子得电。发电机励磁绕组通过端子 B、R、调节器形成电流回路，产生磁场，同时充电指示灯亮。发动机启动后，随着转速的增加，发电机 B、R 端电压同时增加，两端电位差逐渐减小。蓄电池充电时，两端电压为零，指示灯灭，发电机自励。

工作情境设置

电源充电指示灯点亮的故障检测与排除

　　当工程机械作业时，仪表盘上的充电指示突然亮，或电流表指示放电，电压表读数偏低，则需按机械的具体电路图示，根据故障现象，分析故障原因，并排除。

一、工作任务要求

1. 画出电源电路简图，并标注各元件端子符号。
2. 能叙述电源电路的工作过程，使所画电路满足工作要求。
3. 能根据电路中出现的故障现象，写出故障分析流程。
4. 会使用仪器、仪表熟练操作，判断故障原因。
5. 能更换故障元件。
6. 能就车识别电源电路元件，并能熟练拆卸、安装电器元件，且正确接线。

二、器材

　　蓄电池、六管整流发电机、测试灯、万用表、导线、调节器、组合继电器、电流表、熔断器、电锁、常用工具等。

三、完成步骤

1. 画出电源电路图，并填入表中。
2. 分析所画的电路是否满足工作要求，并写出相应元件的端子接线流程填入表中。
3. 选择所给元件，按所画电路接线。
4. 将发电机转子轴固定在万能试验台上，用调速电动机带动。

　　注意：1）调速电动机的转速由零逐渐上升。

　　2）注意操作安全，接线可靠，防止触电事故。

5. 合电锁，逐渐增加转速，观察电路工作现象，并填入表中。

　　正常工作时，当转速 $n=0$，电流表指示放电，充电指示灯亮，发电机输出电压为零；随着转速的增加，发电机输出电压，当转速达到一定值时，指示灯灭，电流表指示充电。随着转速的继续增加，发电机输出电压恒定。

6. 人为设置故障，使用仪器、仪表检测故障，并分析故障原因。

　　通常，电源系统常见故障部位如图 1-4-11 所示，常见的故障有（以图 1-4-10 为例）：

　　（1）不充电

　　现象：发动机高速运转时，充电指示灯亮。

　　原因：①传动带过松；②发电机故障；③充电回路或元件故障。

　　诊断：可用小灯泡一端搭铁，一端接发电机 B 端，若灯泡亮，说明是充电回路故障，若灯不亮，说明为发电机故障。

（2）充电电流过小

现象：充电指示灯亮度不够。

原因：①传动带过松；②发电机故障；③充电回路元件接线不良。

诊断：参照故障（1）

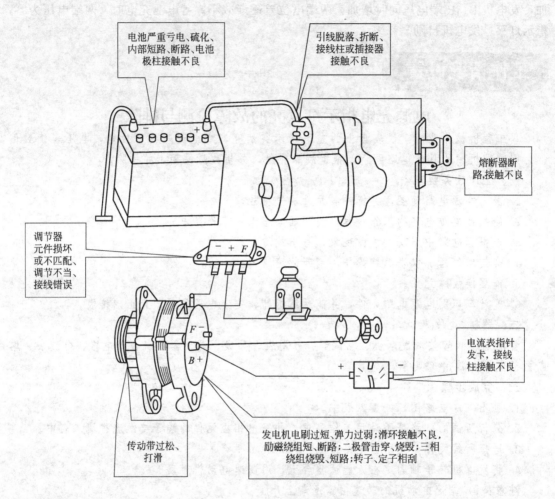

图 1-4-11　电源系统常见故障部位

（3）充电电流过大

现象：蓄电池电解液消耗过快，发电机容易过热，灯泡易烧毁。

原因：主要是发电机调节器故障。

（4）充电电流不稳

现象：充电指示灯闪烁。

原因：①传动带过松有跳动现象。②发电机故障。③充电回路或元件接线松动。

诊断：参照故障（1）

7. 就车识别电源电路中蓄电池继电器、总电源熔断器、发电机、调节器等电器元件在工程机械上的具体安装位置，并能熟练拆卸、安装，且正确接线。

8. 就车练习检测、排除电源充电指示灯点亮故障的方法。

电源电路的接线及故障分析记录表

名称	操作任务			
电路图示	根据所准备的电器元件,画出电源电路:			
接线流程				
正常时的现象	转速	电流表	电压表	指示灯状态
	$n＝0$			
	$n＞0$			
故障现象				
排除故障的流程				
分析故障原因				

■ 习 题

1. 工程机械电源系统电路有何特点？常见的故障有哪些？

2. 以图 1-4-6 为例,写出充电指示灯一直亮的故障判断流程。

3. 如何确定工程机械中的蓄电池继电器的额定电流值？

4. 带有二极管的继电器中,线圈供电电源是否可以反接？为什么？

5. 电器元件的更换、接线必须在断电的情况下进行,如何方便地实现电路断电,防止短路故障发生？

项目2

工程机械启动系统的电器故障检测与排除

【知识目标】

1. 能描述启动机、预热器的结构组成，并会分析各元件的工作过程。
2. 能描述不同类型继电器的结构、工作过程。
3. 能描述启动机、继电器端子的作用，并了解检测其好坏的方法。
4. 能描述不同类型的机械启动电路、预热电路的工作过程。
5. 能描述启动系统、预热电路常见的故障现象。
6. 能根据机械故障现象，以相应电路为依据，分析故障原因，并了解检测的流程。

【能力目标】

1. 能就车识别启动系统中的各个电器元件。
2. 会使用检测仪器及仪表。
3. 能正确判断开关、继电器、启动机、预热器、熔断器的好坏。
4. 能找准接线端子，判断线路的通断。
5. 能根据故障现象，分析故障原因，写出检测流程。
6. 能正确拆装故障元件，并正确接线。
7. 会填写维修记录。

工程机械发动机启动不了时，其故障原因可能是发动机的油路故障、气路故障、机械故障等，也可能是发动机启动电路故障。如果合电锁于启动挡位，启动机不转或运转无力时，除判断蓄电池是否亏电外，则必须检测启动电路。排故时，首先需正确检测、判断启动机的好坏，在此基础上，能读懂不同类型工程机械启动电路图，根据故障现象，分析、判断故障原因，检测电路故障部位，且正确拆装故障元件，并接线无误。但冬季发动机启动不了时，除排除启动电路故障外，还需检测预热电路故障。

任务1　启动机的检修

【先导案例】

工程机械发动机启动时，若启动电动机不转，但电锁置于"ON"挡位时，电压表读数正常或开前照灯，灯的亮度正常；按喇叭按钮，喇叭音量正常。此时必须判定启动机的好坏。那么如何检测、判定启动机的好坏呢？

1　概述

工程机械发动机是靠外力启动的，常用的启动方式有人力启动、辅助汽油机启动和电力启动等。电力启动具有操作简便、启动迅速等特点，并具有重复启动能力，因此被广泛采用。

1.1   组成与作用

电力启动机（见图 2-1-1）是由直流串励式电动机、传动机构、控制装置三大部分组成。它的作用是将发动机启动，在完成启动任务后便立即停止工作。

（1）直流串励式电动机   直流串励式电动机的作用，是将铅蓄电池供给的电能转换成机械能，产生强大的电磁转矩以克服发动机启动阻力矩。

（2）传动机构（离合器）   传动机构安装在电动机轴的花键上，由驱动齿轮、单向离合器、拨叉等组成。其作用是在发动机启动时，使驱动小齿轮与发动机曲轴上的飞轮齿圈啮合，将启动机转矩传递给发动机曲轴；而在发动机启动后，又使驱动小齿轮自动打滑与飞轮齿圈脱开。

图 2-1-1   启动机

（3）控制装置   控制装置安装在启动机壳的上部，其作用主要是接通与切断铅蓄电池的启动电流。

1.2   分类

按传动机构的工作原理，启动机可分为：惯性啮合式、强制啮合式和电枢移动式等。

（1）惯性啮合式   启动机驱动小齿轮借惯性力自动啮入飞轮齿圈，发动机启动后，驱动小齿轮又靠惯性力自动与飞轮齿圈脱开。其工作可靠性差，目前已逐渐被淘汰。

（2）强制啮合式   靠电磁力拉动拨叉，强制拨动驱动小齿轮啮入或脱离飞轮齿圈。

（3）电枢移动式   靠启动机磁极的电磁力使电枢作轴向移动，将驱动小齿轮啮入飞轮齿圈；发动机启动后，电枢复位，并带动驱动小齿轮退出啮合。

启动机传动机构虽然具有上述不同的形式，但都必须满足下列要求：

① 齿轮啮合容易，不发生冲击现象。

② 因启动机驱动齿轮与发动机飞轮齿圈的传动速比很大（一般为 $i=15$ 或更大），所以发动机启动后，小齿轮应能自动打滑和脱离啮合，以免发动机带动启动机电枢高速旋转，造成"飞车"事故。

③ 发动机工作时，启动机的小齿轮不能再啮入发动机飞轮齿圈。

1.3   型号

根据 QC/T 73—93 标准规定，启动机的型号为：

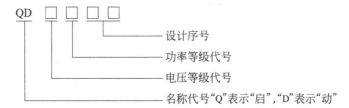

其中 QDJ 表示减速启动机，QDY 表示永磁启动机；

电压等级：1 为 12V，2 为 24V；

功率等级见表 2-1-1。

表 2-1-1 启动机功率等级

功率等级代号		1	2	3	4	5	6	7	8	9
功率/kW	启动机	1	>1~2	>2~3	>3~4	>4~5	>5~6	>6~7	>7~8	>8
	减速启动机									
	永磁启动机									

2 启动机的结构与工作原理

2.1 直流串励式电动机

2.1.1 直流串励式电动机的构造

直流串励式电动机是由电枢、磁极、机壳、前、后端盖和电刷等部件组成。

(1) 电枢 电枢（见图 2-1-2、图 2-1-3）是电动机的转子部分，主要是产生转矩。它由电枢铁芯、电枢绕组、换向器和电枢轴组成。

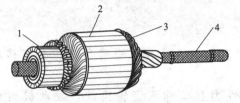

图 2-1-2 电枢
1—换向器；2—铁芯；3—绕组；4—轴

图 2-1-3 电枢实物

① 电枢铁芯由硅钢片冲压而成，叠装后紧固在转轴上。其外围有缺槽，用于嵌装电枢绕组。

② 电枢绕组：为便于通过较大的启动电流（一般为 200～600A），以获得较大的电磁转矩，电枢绕组是用较粗且截面为矩形的裸铜线绕制而成。其连接方式分叠式绕法和波式绕法两种，且大多采用波式绕法。由于电枢绕组的导线较粗，为了防止电枢绕组在高转速时受离心力的作用被甩出，还在铁芯槽口的两侧用轧纹将其导线挤紧。

③ 换向器是由一定数量的燕尾形铜片和云母片叠压而成，并用轴套和压环组装成一体，压装在电枢轴上。电枢绕组各线圈的两端焊接在相应铜片的接线凸缘上，换向器和电刷配合将铅蓄电池的电流引电枢绕组。

④ 电枢转轴用优质钢材制成，其一端压住电枢铁芯和换向器，另一端则制成特殊的花键螺旋纹，以便套装传动机构。

(2) 磁极 它是由铁芯和励磁绕组组成，用来产生磁场。磁极数目通常为四个，大功率的电动机则多至六个磁极，如图 2-1-4、图 2-1-5 所示。

励磁绕组由外面包有优质绝缘层的较粗矩形铜线制成，其中绕组的一端与前端盖内的两个不搭铁的电刷相接，另一端从机壳上引出来，形成启动机的"相线"接线柱。且励磁绕组通过电刷、换向器与电枢绕组串联，所以，把这种电动机称作直流串励式电动机。其中磁场绕组的接法如图 2-1-6 所示。

(3) 机壳 机壳是由钢板压卷成圆筒形经焊合而成，在其一端对称地有四个长方形的检查孔，以便对换向器及电刷检修。在平时的使用中利用防尘箍密封，防止尘污浸入。

(4) 电刷及电刷架 电刷与换向器配合将电流引入电枢绕组，由铜粉（含 80%～90%）

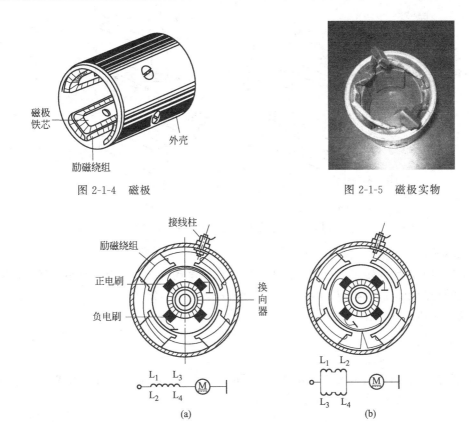

图 2-1-4　磁极

图 2-1-5　磁极实物

图 2-1-6　磁场绕组的接法

和石墨压制而成，呈棕红色，其顶部有软铜线引出。

电刷架多制成框式，内装弹力较强的盘形弹簧，固定在前端盖上。其中正极电刷架与前端盖绝缘，负极电刷架则直接搭铁。电刷与电刷架的组合如图 2-1-7 所示。

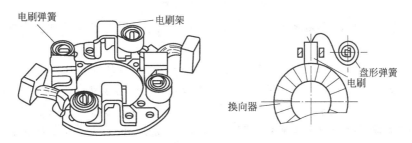

图 2-1-7　电刷及电刷架

2.1.2　工作原理

直流串励式电动机是将电能转变成机械能的设备，它是以通电导体在磁场中受电磁力作用这一原理为基础的，其工作原理如图 2-1-8 所示。

将电动机的电刷与铅蓄电池相接，电流由整流片 A 和正电刷流入，由负电刷流出，此时绕组中有电流 ［见图 2-1-8(a)］。根据左手定则可知，通电导体在磁场中受到电磁力的作用而产生电磁转矩，线圈逆时方向转动。当电枢转过半周后 ［见图 2-1-8(b)］，正电刷接触整流片 B，负电刷接触的是整流片 A，由于 N 极和 S 极下的导线电流方向保持不变，电磁转

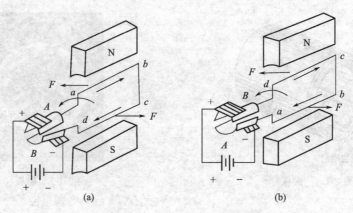

图 2-1-8　直流电动机工作原理

矩的方向也不变，使电枢仍逆时针旋转。

因一个线圈所产生的转矩太小，转速不稳定，所以电动机的电枢上绕有很多线圈，换向器的片数也随线圈的增加而相应地增加。且电动机产生电磁转矩的大小 M 与电枢电流 I_a 及磁极磁通量 Φ 的乘积成正比，即：

$$M=C_m\Phi I_a$$

式中　C_m——电动机常数。

电枢旋转时，电枢绕组切割磁力线而产生感应电动势，其方向用右手定则来判断。因与电枢电流方向相反，故称反电动势，其大小为：

$$E_f=C_e\Phi n$$

式中　C_e——与电动机的结构有关的常数；

　　　n——电动机转速，r/min。

这样，外加在电枢上的电压一部分消耗在电枢绕组的电阻 R_a 和励磁绕组的电阻 R_L 上；另一部分则用来平衡电动机的反电势。即：

$$U=E_f+I_a(R_a+R_L)$$

上式是电动机运转时必须满足的一个基本条件，称为电压平衡方程式。由电压平衡方程式可知：

$$I_a=(U-E_f)/(R_a+R_L)=(U-C_e\Phi n)/(R_a+R_L)$$

当电动机的负载增加时，由于轴上的阻力矩增大，电枢转速就会降低，故 E_f 随之减小，使电枢电流 I_a 增加，电磁转矩 M 也随之增加，直到电磁转矩与阻力矩相等时为止。这时电动机将在新的负载下以新的转速平稳运转。反之，负载减小时，电动机的电磁转矩会自动减小到与阻力矩相等，使电动机在更高的转速下稳定运行。因此直流串励电动机具有当负载发生变化时自动调节转矩的功能。

2.1.3　工作特性

（1）启动转矩大（转矩特性）　由于励磁绕组和电枢绕组串联，所以：$I_L=I_a$；当磁路未饱和时，磁极磁通量 Φ 与励磁电流 I_L 成正比，即：

$$\Phi=C_n I_L=C_n I_a$$

此时，电动机转矩：

$$M=C_m\Phi I_a=C_m C_n I_a^2=C I_a^2$$

即转矩与电枢电流的平方成正比。当在磁路饱和时，磁通量几乎不变，此时电磁转矩与电枢电流成直线关系，如图 2-1-9 所示。

当启动机的阻力矩很大时，启动机处于完全制动的情况，则 $n=0$，反电势 $E_\mathrm{f}=0$，此时，电枢电流将达到最大值（称为制动电流），产生最大转矩（称制动转矩），从而使柴油发动机易于启动。这就是启动柴油发动机采用直流串励式电动机的主要原因。

（2）轻载转速高，重载转速低（转速特性）　由电动机运转时的电压平衡方程，得电动机转速：

$$n=\frac{U-(R_\mathrm{a}+R_1)I_\mathrm{a}}{C_\mathrm{e}\Phi}$$

当电动机电枢电流增加、磁路未饱和时，磁通量也增加，因此电动机的转速将急剧下降，如图 2-1-9 所示。

直流串励式电动机在轻载时，转矩 M 低，电枢电流 I_a 小，转速高；而重载时，转矩 M 大，电枢电流 I_a 大，转速低，该特性使它能可靠地启动发动机。

由于其轻载或空载时转速很高，容易造成"飞车"事故，这是安全操作不允许的。因此对于功率较大的直流串励式电动机不可在空载或轻载下运行。同时要求它与被带动的工程机械的连接必须是刚性的齿连接（不能用带轮），而且还要有防止飞散的保护装置。

（3）能在短时间内输出最大的功率（功率特性）电动机的输出功率 P 可由测量电枢轴上的转矩 M 和电枢的转速 n 来确定。即：

$$P=\frac{Mn}{9550}$$

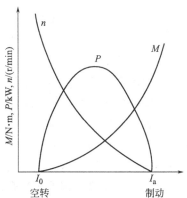

图 2-1-9　电动机特性图

式中　M——转矩，N·m；

　　　n——转速，r/min。

在完全制动（$n=0$）和空载（$M=0$）时，电动机的输出功率为零。当电流约为制动电流的 1/2 时，电动机输出最大功率。由于启动机运转时间很短，允许它以最大功率运转，所以把最大输出功率称为启动机的额定功率，由图 2-1-9 可见：

① 当完全制动时，相当于刚接入启动机的情况，此时 $n=0$，电流为最大（称制动电流），转矩也达到最大值（称制动转矩）。

② 在启动机空转时，电流为 I_0（称空转电流），转速达最大值（称空转转速）。

③ 在电流接近制动电流的 1/2 时，启动机功率达到最大值。

在实际使用中，启动机的功率受许多因素的影响，如：接触电阻和导线电阻、铅蓄电池容量等。

2.2　传动机构

启动机的传动机构主要指单向离合器，通常有滚柱式、摩擦片式和弹簧式等。

（1）滚柱式　滚柱式单向离合器主要由驱动齿轮、外壳、十字块、四只滚柱、压帽和弹簧以及传动套筒固联的十字块等组成，如图 2-1-10 所示。

传动套筒内具有花键槽，套在电枢轴花键部分上，而齿轮套在轴的光滑部分。在传动套筒的另一端，活络地套着弹簧和移动衬套。移动衬套由弹簧压向右方，并由卡簧制止其脱

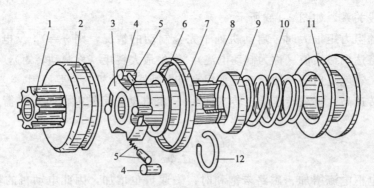

图 2-1-10 滚柱式单向离合器

1—驱动齿轮；2—外壳；3—十字块；4—滚柱；5—压帽及弹簧；6—垫圈；

7—护盖；8—花键套筒；9—弹簧座；10—缓冲弹簧；11—衬套；12—卡簧

出，它可由传动叉来拨动。

单向离合器的外壳与十字块之间的间隙是宽窄不等的（呈楔形槽）。当启动机电枢旋转时，转矩由传动套筒转动十字块，十字块则随电枢一起旋转，此时滚柱便滚入楔形槽窄端而被卡死，于是转矩传给小齿轮，带动飞轮启动发动机。而当发动机启动后，小齿轮在飞轮的带动下和十字块同方向旋转，但速度大于十字块，使滚柱滚入楔形槽宽端而打滑。这样，转矩就不能从小齿轮传给电枢，故防止了电枢超速飞散的危险。

（2）摩擦片式 该单向离合器用于启动功率较大的发动机，其结构如图 2-1-11 所示。

花键套筒装在电枢轴的螺纹花键上，其外表制有三线螺纹花键，套装内接合毂。内接合毂上有四个轴向槽，主动摩擦片的内凸齿插在其中。被动摩擦片的外凸齿插在与驱动齿轮成一体的外接合毂槽中，且主被动摩擦片相间排列，组装好后，主被动摩擦片间无压力。

启动时，由于内接合毂开始时瞬时是静止的，在惯性的作用下内接合毂因花键套筒的旋转而左移，使主被动摩擦片压紧在一起，电枢转矩经内接合毂→主动摩擦片→被动摩擦片→外接合毂→驱动齿轮，从而带动飞轮齿圈使曲轴转动。

发动机启动后，飞轮齿圈转速高于驱动齿轮，于是内接合毂又沿花键套筒的螺纹花键右移，使主被动摩擦片分离，避免了电枢轴的超速和损坏。

（3）弹簧式 某些大功率启动机采用弹簧式单向离合器，其结构如图 2-1-12 所示。

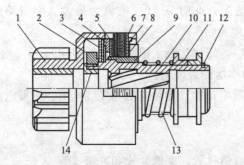

图 2-1-11 摩擦片式单向离合器

1—驱动齿轮；2—螺母；3—弹性圈；4—压环；

5—调整垫圈；6—被动摩擦片；7,12—卡环；

8—主动摩擦片；9—内接合毂；10—花键套筒；

11—移动衬套；13—缓冲弹簧；14—挡圈

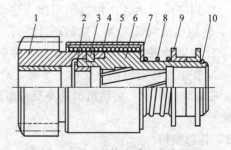

图 2-1-12 弹簧式单向离合器

1—驱动齿轮；2—挡圈；3—月形键；4—扭力弹簧；

5—护套；6—花键套筒；7—垫圈；

8—缓冲弹簧；9—移动衬套；10—卡簧

花键套筒和驱动齿轮分别套装在电枢轴的螺纹花键和光滑段上，两者之间用两个月形键连接。月形键使驱动齿轮与花键套筒之间不能作轴向移动，但可以相对转动。驱动齿轮毂与花键套筒的外面套装扭力弹簧，且扭力弹簧有圆形和方形截面两种，在其外有护套封闭。

发动机启动时，电枢轴带动花键套筒旋转，扭力弹簧在与驱动齿轮轮毂、花键套筒之间摩擦力的作用下被扭紧，抱紧驱动齿轮轮毂和花键套筒而传递转矩。发动机启动后，飞轮齿圈带动驱动齿轮旋转，此时，驱动齿轮成为主动件，花键套筒变为被动件，使扭力弹簧松开而打滑，防止了转矩的反向传递，从而保护了启动机。

2.3 控制装置

启动机的控制装置通常为一电磁式开关，固定在启动机上方。如图 2-1-13、图 2-1-14 所示。

图 2-1-13 启动机电磁开关　　　　　图 2-1-14 启动机电磁开关接线柱

开关外的三个接线柱，标号分别是 B（接电源）、M（接直流电动机）、C（接电锁启动挡对应的端子或启动继电器的触点）。其中 C 为控制端子，启动机是否工作主要是看 C 端子是否得电。且采用电磁开关的启动电路如图 2-1-15 所示。

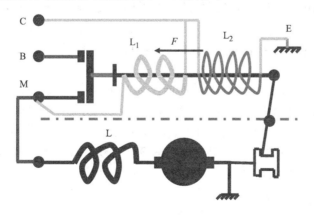

图 2-1-15 电磁开关启动电路

电磁开关的内部为一常开触点（由接触盘和触点组成）、L_1 线圈（称为吸引线圈，出线与 M 接线柱连接）、L_2 线圈（称为保持线圈，出线搭铁）。

当电锁打到"ON"挡时，B 端子带电；当电锁打到"START"时，C 端子带电，电磁开关内的两线圈得电，产生同方向的磁场力；在合磁力 F 的作用下，杠杆拨叉使小齿轮与飞轮啮合，同时 B、M 端子接通，使启动机直接得电，快速旋转，带动发动机启动。

2.4 启动机的工作原理

如图 2-1-15 所示，启动机的工作分三个过程：

（1）与飞轮齿圈啮合过程 当电锁打到"START"时，启动机 B、C 端子得电，电流回路为：

① C 端子→L_2 线圈→"－"搭铁。

② C 端子→L_1 线圈→M 端子→电动机磁场绕组（L 线圈）→电枢→"－"搭铁。

两路电使电磁开关内的两线圈得电产生电磁力，则 B、M 端子接通；同时拨叉使单向离合器内的小齿轮推出，在缓慢旋转的过程中与飞轮齿圈啮合，二者同步完成。

（2）发动机启动过程 B、M 端子接通后，电动机直接得电，快速转动，启动发动机。此时电流回路为：

① B 端子→M 端子→电动机磁场绕组（L 线圈）→电枢→"－"搭铁。

② C 端子→L_2 线圈→"－"搭铁。

该过程中，B、M 端子的接通靠 L_2 线圈来保持，因此称 L_2 线圈为保持线圈；L_1 线圈由于 M、C 两端等电位而被短接，电流为零。

（3）启动机停转过程 发动机启动后，电锁复位，C 端子失电。B、M 端子不能立即释放使 L_1、L_2 线圈串联，但两线圈电流方向相反，产生电磁力互相抵消，于是铁芯在复位弹簧的作用下迅速回位，迫使驱动齿轮退出啮合。同时 B、M 端子断开，切断电动机电源而停转。

3 启动机的使用与维护

3.1 启动机的正确使用

启动机工作时，启动电流很大，同时短时间内输出最大功率。为了保证它能迅速、可靠、安全地启动柴油发动机，并延长其使用寿命，必须做到正确使用和合理保养：

① 经常保持使用中的启动机各部件的清洁干燥，接线柱及导线必须牢固无损，电刷和换向器接触良好。

② 外壳单独用电缆连接车架，电缆的截面积、材料应符合要求，电缆的总长度应尽量短。

③ 启动柴油发动机时，每次接通的时间不得超过 5s，连续启动间隔时间应超过 15s；连续第三次启动，则应在检查启动系故障的同时停歇 15min 后再进行。

④ 柴油发动机启动后，启动电动机应立即停止工作。

⑤ 启动前，应关闭所有与启动无关的用电设备，同时将工程机械挂空挡，即操纵杆置中位，以增加启动电动机的启动能力与减少发动机的阻力矩。

⑥ 如环境温度过低，导致启动困难时，在启动前，要对发动机进行充分预热，以降低发动机机油的黏度，并减少发动机的阻力矩。

3.2 启动机的保养

为了使启动机经常在良好的技术状况下工作，以延长其使用寿命，必须做到正确、合理的保养。保养作业内容如下：

① 应经常保持机体的清洁干燥，连接导线和接线柱均应压接牢固。

② 工程机械每工作 100h 应检查清洁换向器。

③ 工程机械每工作 250h，应检查电刷的磨损情况及弹簧压力。

④ 经常检查传动机构和控制装置的活动部件，应按规定加以润滑。

⑤ 一般应每年进行一次保养性的全面检查与修理，消除隐患。

工作情境设置

启动机的故障检测

当发动机启动不了时，其故障为电器故障，则需首先判断是否是启动机本身的问题。

一、工作任务要求

1. 能识别启动机的端子，会描述启动机的结构。

2. 能描述启动机的工作过程。

3. 能整体判断启动机的好坏。

4. 能判断启动机的故障部位。

5. 能正确拆装启动机，会使用仪器检测元件，并记录，判断好坏。

二、器材

启动机、万用表、蓄电池、导线、短路线圈测试仪、千分尺、锉刀、砂纸及常用工具等。

三、完成步骤

1. 直流串励电动机好坏的判断

① 启动机 M 端子直接给电，看电动机是否正常转动，若不转，则电动机有故障。

② 启动机 C 端子直接给电，看驱动齿轮是否往外推，若驱动齿轮不动，则电磁开关有故障。

2. 直流电动机元件测试

（1）启动机的分解

① 清除外部尘污和油垢。

② 从电磁开关接线柱上拆开启动机与电磁开关之间的连接导线；松开电磁开关总成的两个固定螺母，取下电磁开关总成。

③ 拆下防尘箍，用铁丝钩提起电刷弹簧，将电刷取出。

④ 取下穿心螺栓，分离前端盖、外壳和电枢。

⑤ 拆下中间轴承板、拔叉和啮合器。

⑥ 解体后，清洗擦拭各零件。金属零件用煤油或汽油擦拭，绝缘零件用干布或浸汽油的布擦拭。

（2）启动机的组装 组装程序与分解相反，但要注意：在组装启动机前应将启动机的轴承和滑动部位涂以润滑脂。

（3）启动机元件测试

① 电枢轴的检查。用百分表检测电枢轴是否弯曲，并将测量值记录表中。通常铁芯表面对轴线径向跳动量应不大于 0.15mm，否则说明电枢轴弯曲严重，需校直或更换。

② 电枢绕组的检查。

a. 电枢绕组搭铁的检查。如图 2-1-16 所示，用万用表测量换向器与电枢轴之间的电阻，并记录在表中。阻值应为∞，否则为搭铁。也可用交流试灯检查，灯亮表示搭铁故障。同时，铁芯与轴、绕组与铁芯之间要求绝缘。

b. 电枢绕组断路的检查。如图 2-1-17 所示，目测电枢绕组的导线是否甩出或脱焊。用万用表依次测量两相邻换片之间的阻值，所测电阻值应一样。如果读数不一样，则说明断路；电枢绕组有严重搭铁、短路或断路时，应更换电枢总成。

c. 电枢绕组短路的检查。如图 2-1-18 所示，把电枢放在电枢检验器上，接通电源，将薄钢片放在电枢上方的线槽上，并转动电枢。薄钢片应不振动，若薄钢片振动，表明电枢绕组有短路故障。

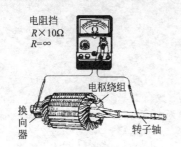 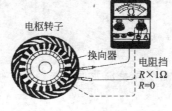 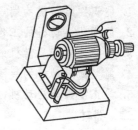

图 2-1-16　电枢绕组搭铁的检查　　图 2-1-17　电枢绕组断路检查　　图 2-1-18　电枢绕组短路检查

③ 磁场绕组的检查

a. 磁场绕组搭铁的检查。如图 2-1-19 所示，用万用表测量启动机接柱和外壳间的电阻，并记录。所测的电阻值应为无穷大；否则为搭铁故障。

b. 磁场绕组断路的检查。如图 2-1-19 所示，用万用表测量启动机接柱和绝缘电刷之间的阻值，并记录。所测阻值应很小，若为无穷大则为断路。

c. 磁场绕组短路的检查。如图 2-1-20 所示，用蓄电池正极接启动机接线柱，负极接绝缘电刷，将一字螺钉旋具放在每个磁极上，检查磁极的吸力，应相同。若某磁极吸力弱，则为匝间短路。磁场绕组有严重搭铁、短路或断路时，应更换。

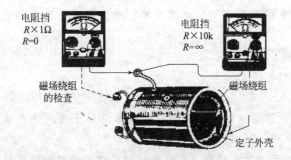 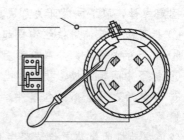

图 2-1-19　磁场绕组搭铁、断路测试　　　　图 2-1-20　磁场绕组短路的检查

④ 换向器的检查。

a. 检查换向器表面有无烧蚀，轻微烧蚀用 00 号砂纸打磨，严重时应车削。

b. 如图 2-1-21 所示，用百分表检测换向器圆度和外径，圆度误差应小于 0.025mm，否则应在车床上修整。

c. 如图 2-1-22 所示，绝缘片深度为 0.5～0.8mm，最浅为 0.2mm，太高应使用锉刀进行修整。

⑤ 电刷组件的检查。

a. 电刷外观检查：电刷在架内活动自如，无卡滞，不歪斜。

b. 电刷磨损检查：测量电刷高度及电刷与换向器的接触面积，并记录。高度 L 应不低于原高度的 2/3，接触面积 S 应在 75% 以上则符合标准。

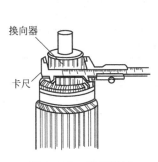 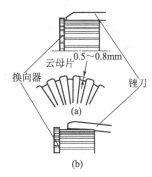

图 2-1-21　外径测试　　　　　　　图 2-1-22　绝缘片深度测试

c. 电刷架的检查：如图 2-1-23 所示，用万用表测量绝缘电刷架和后盖间的阻值，应为无穷大；搭铁电刷架和后盖间的阻值，应为零。

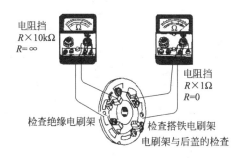

图 2-1-23　电刷架绝缘的检查

d. 电刷弹簧压力的检查：方法是用弹簧秤测弹簧压力，看其是否满足要求，不同型号的启动机弹簧压力不同。

⑥ 单向离合器的检查。将单向离合器及驱动齿轮总成装到电枢轴上，握住电枢，当转动单向离合器外座圈时，驱动齿轮总成应能沿电枢轴自如滑动，且握住外圈，转动驱动齿轮，应能自由转动，反转时不应转动，否则说明有故障，应更换单向离合器。

⑦ 电磁开关。吸引线圈电阻的测试：用万用表测 C 接线柱与 M 接线柱之间的阻值并记录，通常其 $R = (0.6 \pm 0.05)\Omega$，若 R 小于规定值，则短路；若 R 等于 ∞，则说明线圈断路。

保持线圈电阻的测试：用万用表测 C 接线柱与外壳之间的阻值并记录，其 $R = (0.97 \pm 0.1)\Omega$。

开关接触电阻的检查：方法是用手推动活动铁芯，使其接触盘与 M、C 两接线柱接触，测两接线柱之间的电阻，若 $R = 0$，则正常；若 $R \neq 0$，则说明触点烧伤，需打磨，严重时则更换开关。

四、注意事项

1. 电源接线应安全、可靠，防止短路发生。

2. 拆卸时不能丢失和损坏零部件。

3. 使用万用表检测时, 应注意挡位的选择。

4. 正确使用仪器、仪表, 并注意安全用电, 防止触电事故发生。

启动机故障检测记录表

检测任务			检测结果		结　论
电动机好坏判断					
转子	电枢轴		跳动量=		
	绝缘	换向器与轴	$R=$		
		轴与铁芯	$R=$		
		绕组与铁芯	$R=$		
	电枢绕组的阻值		$R_1=$	$R_2=$	
	电枢绕组短路				
磁场绕组	接线柱与绝缘电刷		$R=$		
	接线柱与外壳		$R=$		
	磁场各绕组的吸引力				
换向器	外径		$D=$		
	换向片厚度		$h=$		
电刷	电刷高度		$L=$		
	电刷与换向器的接触面积		$S=$		
	电刷架与后盖之间的阻值		$R_1=$	$R_2=$	
电磁开关	吸引线圈阻值		$R=$		
	保持线圈阻值		$R=$		
	触点的接触电阻		$R=$		

4　工程机械典型启动机的工作原理

4.1　电枢移动式启动机

工程机械柴油机功率较大时, 启动系统多采用电枢移动式启动机。该启动机是依靠磁极磁通的电磁力, 移动整个电枢而使启动机驱动齿轮啮入柴油机飞轮齿圈。国产工程机械中如平地机、装载机、压路机等都使用这种类型的启动机。其电路如图 2-1-24 所示。

4.1.1　结构特点

① 电枢移动式启动机不工作时, 电枢在复位弹簧 9 的作用下, 停在与磁极中心轴错开的位置。

② 换向器较长, 以便移动后人能与电刷接触。

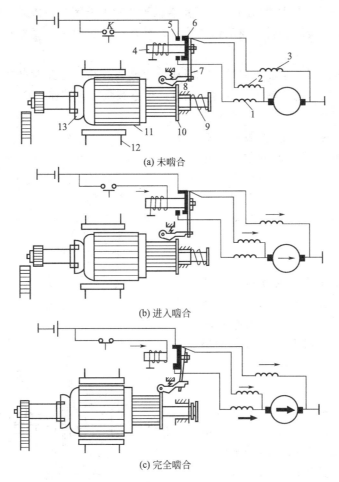

(a) 未啮合

(b) 进入啮合

(c) 完全啮合

图 2-1-24 电枢移动式启动机工作电路

1—主磁场绕组；2—串联辅助磁场绕组；3—并联辅助磁场绕组；4—电磁铁；5—静触点；6—接触盘；
7—挡片；8—扣爪；9—复位弹簧；10—圆盘；11—电枢；12—磁极；13—摩擦片离合器

③ 驱动齿轮与飞轮齿圈的啮合过程是由电枢在磁场的作用下，进行轴向移动来实现。柴油机启动后靠复位弹簧的拉力，使驱动齿轮脱离啮合而复位。

④ 启动机具有三个磁场绕组，其中用扁铜条绕制，匝数少的为主磁场绕组 1，另两个用细导线绕制的，分别为串联辅助磁场绕组 2 和并联辅助磁场绕组 3（又称保位线圈）。

⑤ 传动机构采用摩擦片式单向离合器。

4.1.2 工作原理

启动机不工作时，电枢 11 在复位弹簧 9 的作用下与磁极错开，电磁铁开关的接触盘 6 处于打开位置。

（1）啮合过程 当接通启动开关 K 时，电磁铁 4 产生吸力并吸引接触盘 6，但由于扣爪 8 顶住了挡片 7，接触盘只能上端闭合［见图 2-1-24（b）］，此时串联辅助磁场绕组 2 和并联辅助磁场绕组 3 得电，两绕组产生的电磁力克服复位弹簧的弹力，吸引电枢向左移动，使电枢铁芯与磁极对齐，启动机驱动齿轮啮入飞轮齿圈。此时由于串联辅助磁场绕组导线细，电阻大，所以流过电枢绕组的电流很小，启动机以较小的速度旋转，因此齿轮啮入柔和。

（2）启动过程 当电枢移劲使驱动小齿轮与飞轮齿圈完全啮合后，固定在换向器端面的圆盘 10 顶起扣爪 8，使挡片 7 脱扣后，于是接触桥 6 的下端闭合，接通了主磁场绕组 1，启动机便以正常的工作转矩和转速驱动曲轴旋转，且在启动过程中，摩擦片式离合器 13 接合并传递转矩。

（3）脱开停转过程　柴油机启动后，驱动齿轮转速升高，若此时摩擦片式离合器打开，曲轴转矩便不能传到启动机轴上，这时启动机处于空载状态，转速增高，电枢中反电动势增大，因而串联辅助磁场绕组 2 中的电流减少。当电流小到磁力不能克服复位弹簧的弹力时，电枢又被移回原位，于是驱动齿轮与飞轮齿圈脱开，扣爪也回到锁止位置，为下次启动做好准备。直到断开启动开关断开后，启动机才停止旋转。

由上述可知，串联辅助磁场绕组 2 主要在啮合过程中工作，启动过程中它由于与主磁场绕组并联后，基本上被短路。并联辅助磁场绕组 3 则在两个过程中均工作，不但可以增大吸引电枢的磁力，且又起着限制空载转速的作用。

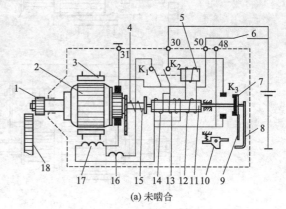

(a) 未啮合

4.2　齿轮移动式启动机

齿轮移动式启动机是在电枢移动式启动机的基础上发展起来的，它依靠电磁开关推动安装在电枢轴孔内的啮合杆而使驱动齿轮与飞轮齿圈啮合，且广泛用在国外工程机械的柴油机上。其电路如图 2-1-25 所示。

4.2.1　结构特点

① 电枢轴为空心，其内装有一个啮合杆 15。在啮合杆上套装花键套筒，此套筒的螺纹上装有摩擦片式单向离合器。

② 电磁开关装在换向器端盖的右侧，其内绕有吸引线圈 14、保持线圈 12 和阻尼线圈 13。电磁开关的活动铁芯 11 与啮合杆 15 在同一轴线上，且电磁开关的外侧装有控制继电器和锁止装置。锁止装置是由扣爪 10、挡片 9 和释放杆 8 组成。

③ 控制继电器铁芯上绕有线圈，用来控制两对触点 K_1、K_2（常闭和常开触点）的开闭。

4.2.2　工作原理

启动机不工作时 [见图 2-1-25（a）]，

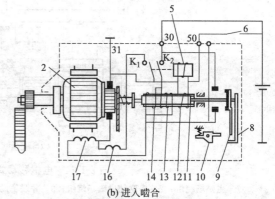

(b) 进入啮合

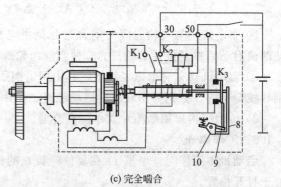

(c) 完全啮合

图 2-1-25　齿轮移动式启动机工作电路

1—驱动齿轮；2—电枢；3—磁极；4—复位弹簧；

5—控制继电器；6—启动开关；7—接触盘；8—释放杆；

9—挡片；10—扣爪；11—活动铁芯；12—保持线圈；

13—阻尼线圈；14—吸引线圈；15—啮合杆；

16—制动绕组；17—磁场绕组；18—飞轮；

K_1—常闭触点；K_2—常开触点；K_3—电磁开关主触点

控制继电器的常闭触点 K_1 闭合，常开触点 K_2 打开，电磁开关的接触盘 K_3 也处于打开位置。且柴油机启动前，为使驱动齿轮与飞轮齿圈啮入柔和，启动机的接入分两个阶段。

（1）第一阶段 ［见图 2-1-25(b)］ 接通启动机开关 6，铅蓄电池电流经接线柱"50"→$\left(\begin{array}{c}\text{控制继电器 5 的磁力线圈}\\ \text{电磁开关的保持线圈 12}\end{array}\right)$→搭铁，形成闭合回路。线圈产生磁力使常闭触点 K_1 打开，切断了制动绕组 16 的电路。常开触点 K_2 闭合，接通了电磁开关内吸引线圈 14 和阻尼线圈 13 的电路。电流回路为：

$$\text{蓄电池 "+"} \rightarrow \text{接线柱 30} \rightarrow \text{触点 } K_2 \rightarrow \left(\begin{array}{c}\text{吸引线圈 14}\\ \text{阻尼线圈 13}\end{array}\right) \rightarrow \text{磁场绕组 17} \rightarrow \text{电枢 2} \rightarrow \text{接线柱 31} \rightarrow \text{搭铁}。$$

在保持线圈 12、吸引线圈 14、阻尼线圈 13 的三部分磁力的共同作用下，电磁开关的活动铁芯 11 向左移动，推动啮合杆 15，使启动机驱动齿轮向飞轮齿圈方向移动。与此同时，由于吸引线圈 14、阻尼线圈 13 与磁场绕组 17、电枢 2 串联，相当于串联了一个电阻，使通过电动机的电流很小，所以电枢缓慢转动，驱动齿轮低速旋转并向左移动，从而柔和地啮入飞轮齿圈。

（2）第二阶段 ［见图 2-1-25(c)］ 当驱动齿轮与飞环齿完全啮合后，释放杆 8 立即将扣爪 10 顶开，使挡片 9 脱扣，于是电磁开关的触点 K_3 闭合，启动机主电路接通，产生转矩通过摩擦片式单向离合器启动柴油机。此时吸引线圈和阻尼线圈被短路，驱动齿轮靠保持线圈的吸力保持在啮合位置。

柴油机启动后，摩擦片式单向离合器打滑，启动机处于空载状态，但只要启动开关 6 保持接通，则驱动齿轮与飞轮环齿保持啮合状态。只有断开启动开关，驱动齿轮才能退出，启动机才停止转动。

（3）停转 断开启动机开关 6 后，保持线圈 12 和控制继电器 5 的磁力线圈的电路被切断，磁力消失，则电磁开关中的活动铁芯与驱动齿轮均靠复位弹簧 4 使其回到原始位置，扣爪也回到原位，于是电磁开关触点 K_3 断开，启动机主电路被切断。同时控制继电器 5 线圈失电，使触点 K_2 打开，K_1 闭合，则使制动绕组 16 与电枢绕组并联。

制动绕组 16 在启动机工作时不起作用，但启动完毕、启动开关断开时，它能使启动机很快制动，即当启动开关断开、K_1 闭合时，则制动绕组和电枢绕组并联，此时主电路虽已断开，但电枢由于惯性作用仍继续转动，启动机便以发电机状态运转。此时，电磁转矩方向因电枢内电流方向的改变而改变，即与电动机旋转方向相反，起制动作用，使启动机迅速停止转动。

习题

一、简答题

1. 普通型电磁控制式启动机由几部分组成？各部分起什么作用？

2. 根据图 2-1-15 所示，分析启动机的工作过程。

3. 如何检测、判断启动机的好坏？写出其操作流程。

4. 直流电动机由几部分组成？各部件的功用是什么？

5. 启动机的传动装置由哪些部件组成？滚柱式单向离合器是怎样传递转矩的？

6. 启动机控制装置中的吸引线圈、保持线圈有哪些不同？

7. 如何正确使用启动机?

二、判断题

1. 启动机主要由直流串励电动机、传动机构和控制装置组成。（　　）

2. 直流电动机是利用磁场的相互作用将机械能能转换成电能。（　　）

3. 电枢是电动机中能转动的部件,它由叠片构造的铁芯和绕在铁芯上的漆包线等构成。用它建立转矩。（　　）

4. 启动机的电磁开关中的两个线圈分别是保护线圈和吸引线圈。（　　）

5. 启动机中换向器的作用是将交流电变成直流电。（　　）

6. 启动机的传动装置只能单方向传递转矩。（　　）

7. 用万用表检测电刷架时,两个正电刷架与外壳之间应绝缘。（　　）

8. 在永磁式启动机中,电枢是用永久磁铁制成的。（　　）

三、选择题

1. 启动机中直流串励电动机的功用是（　　）。

    A. 将电能转变为机械能　B. 将机械能变为电能　C. 将电能变为化学能

2. 在检查启动机运转无力故障时,短接启动开关两主接线柱后,启动机转动仍然缓慢无力,甲说启动机本身有故障,乙说蓄电池存电不足,你认为（　　）。

    A. 甲对　 B. 乙对

    C. 甲乙都对　 D. 甲乙都不对

3. 启动机空转的原因之一是（　　）。

    A. 蓄电池亏电　 B. 单向离合器打滑　 C. 换向器脏污

4. 启动机运转无力的原因是（　　）。

    A. 蓄电池没电　 B. 蓄电池亏电

    C. 蓄电池过充电　 D. 蓄电池充足电

5. 启动机中,甲说若电枢电流越大,转速越高;乙说若电枢电流越大,转速越低;你认为（　　）。

    A. 甲对　 B. 乙对　 C. 甲乙都对　 D. 甲乙都不对

6. 启动机驱动齿轮的啮合位置是由电磁开关中的（　　）线圈的吸力保持。

    A. 吸引　 B. 保持　 C. 初级　 D. 次级

任务 2　启动电路分析及故障检测

【先导案例】

    工程机械发动机机启动不了,除发动机机本身故障外,则为启动电路故障。若启动时,电锁置于启动挡位,启动机不转、空转或运转无力时,则必须检查启动电路,如何分析、检查、排除启动电路故障呢?

1.1　启动开关直接控制的启动电路

    启动开关直接控制的启动电路如图 2-2-1 所示。

    合电锁于启动挡,则开关 K 闭合,启动机 C 端子得电,电磁开关内吸引线圈、保持线圈得电产生电磁力使开关内触点闭合,同时单向离合器与飞轮齿圈啮合,启动机使柴油机启动。其中启动机工作时的电路如图 2-2-2 所示。

    启动机工作时,电流较大,其大小远远超过开关 K 的过流能力而使开关损坏,为保护开关,延长开关的使用寿命,在启动电路中增加启动继电器。

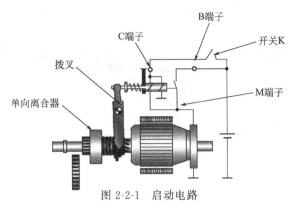

图 2-2-1　启动电路

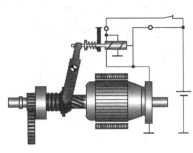

图 2-2-2　启动机的工作电路

1.2　带启动继电器的启动电路

带启动继电器的启动电路如图 2-2-3 所示。

其中启动继电器（见图 2-2-4）由线圈（85、86）和常开触点（30、87）组成。线圈得电后，产生电磁力，使触点闭合。通常启动继电器触点的额定电流为 100A 左右。

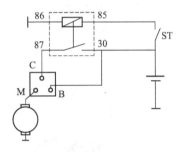

图 2-2-3　启动电路

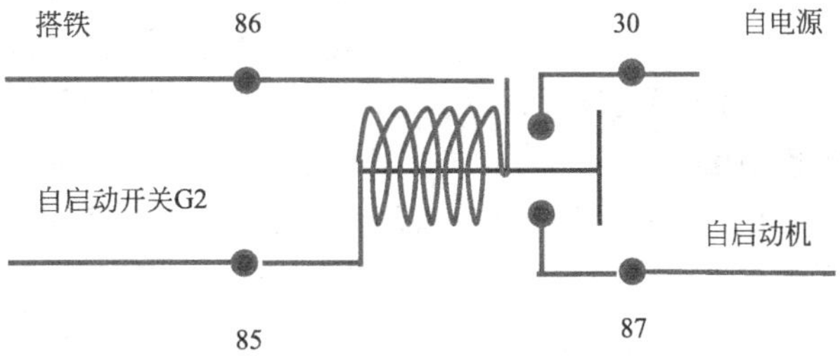

图 2-2-4　启动继电器电路

在启动电路中（见图 2-2-3），用启动开关的小电流控制启动继电器的线圈，大电流的触点控制启动机，从而实现保护启动开关的作用。其电路的工作原理为：

当电锁置于启动挡位时，启动继电器线圈得电，使触点闭合，则导致启动机电磁开关的 C 端子得电，启动机工作。且电流回路为：

① 蓄电池"＋"→启动开关→85 端子→线圈→86 端子→搭铁"－"。

② 蓄电池"＋"→30 端子→触点→87 端子→电磁开关 C 端子→电动机→搭铁"－"。

柴油机启动后，电锁复位，导致启动继电器线圈失电，触点断开，启动机电磁开关的 C 端子失电而使启动机停转。当工程机械作业时，禁止启动机动作，否则会出现打齿现象。但在图 2-2-3 所示电路中，若发生误操作而导致开关闭合，则该故障即可发生。

1.3　带安全继电器的启动电路

带安全继电器的启动电路如图 2-2-5 所示。

其中安全继电器（见图 2-2-6）由线圈（85、86）和常闭触点（30、87a）组成。线圈得电，使触点打开。

在图 2-2-5 中，安全继电器 JD_2 的触点与启动继电器 JD_1 的线圈串联，JD_2 的线圈电压受控于发电机的输出电压，其工作原理：

① 当柴油机的转速 $n=0$ 时，发电机输出电压为零，JD_2 的触点 K_2 闭合。

② 当电锁置于启动挡，ST 闭合，JD_1 线圈得电，使触点 K_1 闭合，启动机的 C 端子得

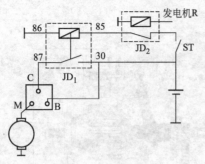
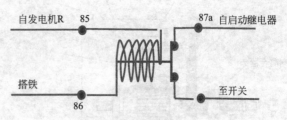

图 2-2-5　启动电路　　　　　　　图 2-2-6　安全继电器电路

电，启动柴油机。其电流回路为：

蓄电池"＋"→启动开关→常闭触点 K_2→JD_1 线圈→搭铁"一"。

③ 随着柴油机转速的增加，发电机输出电压逐渐增加，当电压值高于蓄电池电压时，JD_2 线圈产生的电磁力使触点 K_2 打开，JD_1 线圈失电，K_1 断开，切断启动机控制端子 C 的电源，同时电锁复位，启动机停转。

④ 当工程机械作业时，若发生误操作使开关 ST 合上，由于的 JD_2 的触点 K_2 断开，使得 JD_1 线圈无法得电，则启动机不工作，防止打齿现象的发生，起到保护的作用。

思考：若 JD_2 的触点 K_2 置于"30"与"B"端子之间，发生误操作，JD_2 还起安全保护作用吗？

通常在实际使用中，将启动继电器和安全启动继电器组合在一起，称为组合继电器，其实物如图 2-2-7 所示，电路如图 2-2-8 所示，且继电器实物如图 2-2-9 所示。

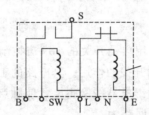

图 2-2-7　组合继电器　　　图 2-2-8　组合继电器电路　　　图 2-2-9　继电器

组合继电器电路中，端子 B 接蓄电池正极，端子 S 接启动机 C 端子，端子 SW 接启动开关 G_2，端子 L 接充电指示灯，端子 N 接发电机 R 端子，端子 E 搭铁。

1.4　装有复合继电器的启动电路

装有复合继电器的启动电路如图 2-2-10 所示。

复合继电器有 5 各接线端子，其中端子 B 接蓄电池继电器的触点，端子 C 接启动机 C 端子，端子 S 接启动开关 G_2，端子 R 接发电机 R 端子，端子 E 搭铁。

内部结构中，H、I、K 为常开触点；J、L 为常闭触点；R_1 为小电阻；R_2 为保护电阻；L_1 为继电器工作励磁线圈；L_2 为继电器安全断开励磁线圈；L_3 为缓冲保护线圈。其工作原理为：

① 当电锁开关转到 ON 位置时，蓄电池继电器工作，触点闭合，使复合继电器 B 端子带电。

② 当电锁开关转到启动位置时，G_2 端子带电，则复合继电器 S 端子带电，通过 L_1 线

圈，L 触点，E 端子搭铁，形成回路；电磁线圈 L_1 产生电磁力，使 H 和 I 触点闭合，继电器 C 端子带电，启动电动机工作，柴油机启动。电流回路：

蓄电池"+"→启动开关 B_1、G_2→L_1 线圈→常闭触点 L→搭铁"－"。

③ 当柴油机启动后，发电机发电，使 R 端子带电，经过线圈 L_2、电阻 R_2 及 E 端子搭铁，形成回路；同时线圈 L_2 产生磁场力，使触点 L 断开，启动回路切断，从而保护启动电动机。

④ 当柴油启动失败后，由于启动机仍在旋转，此时启动机类似于发电机，使 C 端子带电，然后通过线圈 L_3，触点 J，端子 E 搭铁，形成回路，L_3 产生磁场力，使触点 L 断开，启动回路取消，从而保护启动电动机。

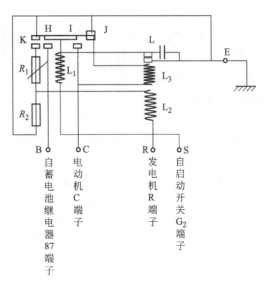

图 2-2-10　复合继电器的启动电路

1.5　典型的启动电路一

如图 2-2-11 所示，该电路中的行程开关，为检测物体的位置而使用的具有代表性的开关。当操纵杆置于空挡时，该开关处于闭合状态，其实物如图 2-2-12 所示。工作过程为：

① 当启动开关置于启动挡时，端子 B_1、M、G_2 导通，其中一路使蓄电池继电器线圈得电，触点闭合，给启动机 B 端子供电。另一路使启动继电器线圈得电，触点闭合，给启动机 C 端子供电。电流回路：

蓄电池"+"→熔断器→启动开关 B_1、G_2→启动继电器线圈→安全继电器常闭触点→行程开关→搭铁"－"。

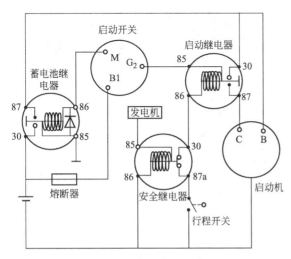

图 2-2-11　典型启动电路一

图 2-2-12　行程开关

② 启动机 C 端子得电，使柴油机启动。启动开关复位后，端子 B_1、G_2 断开，同时发电机输出电压升高，使安全继电器常闭触点断开，切断启动继电器线圈电路，启动机控制端

子 C 失电，启动机停转，完成启动。

③ 工程机械作业时，由于安全继电器的触点、行程开关处于断开状态，即使是启动开关置于启动挡，使端子 B_1、G_2 导通，启动继电器线圈中也无电流回路形成，保证启动机不转。

1.6 典型启动电路二

如图 2-2-13 所示，其工作过程：

① 发动机启动时，变速器前后进操作杆置于中位，使中位继电器线圈得电，触点 3、5 闭合。当启动开关置于启动挡，B、Br、C 端子接通，蓄电池继电器线圈得电，触电闭合，使启动机 B 端子得电。同时开关的 C 端子通过中位继电器的 3、5 端子、安全继电器的常闭触点使启动机的控制端子 S 得电，启动机工作，启动发动机。电流回路为：

a. 蓄电池"＋"→操作杆→中位继电器线圈→搭铁"－"。

b. 蓄电池"＋"→启动开关 B、Br 端子→蓄电池继电器线圈→搭铁"－"。

c. 蓄电池"＋"→启动开关 B、C 端子→中位继电器 3、5 触点→安全继电器常闭触点→启动机端子 S→搭铁"－"。

② 发动机启动后，发电机发电，使安全继电器线圈得电，触点打开，切断启动机 S 端子电源，启动机停转；同时提供蓄电池继电器线圈电源，保证其触点可靠闭合。

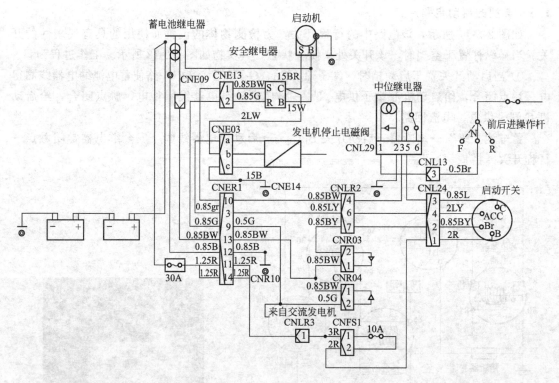

图 2-2-13　典型启动电路二

1.7 典型启动电路三

如图 2-2-14 所示，其中 SE8501 为安全锁定杠杆，实物图如图 2-2-15 所示。锁定杆抬起时，开关闭合（即解锁状态），锁定杆下放时，开关断开（即锁止状态）。RE3301 为安全继电器，发动机启动时，其触点吸合；发电机发电、机械行驶、作业时，触点断开。工作过

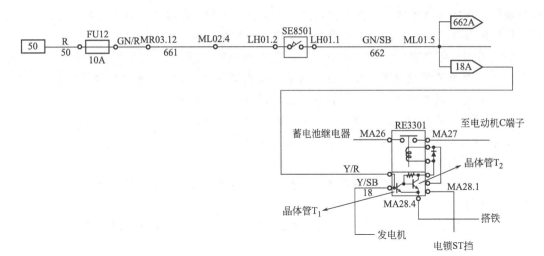

图 2-2-14　典型启动电路三

图 2-2-15　安全锁定杠杆位置图

程为：

① 启动时，安全锁定杠杆处于下放位置，电锁置于 ST 挡，晶体管 T_2 导通、T_1 截止，使安全继电器线圈得电，触点吸合，电动机 C 端子得电，启动发动机。

② 发动机启动后，发电机发电，当发电机输出电压高于 24V 时，蓄电池充电，同时提供晶体管 T_1 的正向偏置电压，使 T_1 导通，则 T_2 截止，安全继电器的线圈由于串接一电阻使其电流减小，产生的电磁力也随着减小，导致触点断开，使电动机 C 端子失电而停转。

③ 启动时，若安全锁定杠杆抬起，则提供晶体管 T_1 的正向偏置电压，使 T_1 导通，T_2 截止，电动机不转，发动机无法启动。机械行驶、作业时，即使连接发电机的线路断线，由于安全锁定杠杆抬起，也会保证电动机不转，起保护作用。

工作情境设置

发动机不启动的电器系统故障检测与排除

工程机械启动机在使用中常见的故障有：启动机不转、启动机运转无力、启动机空转、驱动齿轮与飞轮齿圈不能啮合且有撞击声、失去自动保护功能等。若排除启动电路故障，则需按机械的具体启动电路图示，根据故障现象，分析故障原因。

一、工作任务要求

1. 画出带有启动继电器、安全继电器的启动电路简图，并标注各元件端子符号。

2. 能叙述启动电路的工作过程，使所画电路满足工作要求。

3. 能根据电路中出现的故障现象，写出故障分析流程。

4. 会使用仪器、仪表熟练操作，判断故障原因。

5. 能更换故障元件。

6. 能就车识别启动电路各电器元件，并能熟练拆卸、安装，且正确接线。

二、器材

蓄电池、启动机、测试灯、万用表、导线、继电器、复合继电器、熔断器、电锁、常用工具等。

三、完成步骤

1. 画出启动电路简图，并填入表中。

2. 分析所画的电路是否满足工作要求。

3. 选择所给元件，按所画电路接线。

4. 置电锁于启动挡位，观察启动机离合器的驱动齿轮是否推出，电动机是否正常运转。

5. 给安全继电器的线圈通电，再次合电锁于启动挡位，观察启动机的状况。正常时，启动机不动作。

6. 人为设置电路故障，使用仪器、仪表检测，分析故障原因，并排除。

以图 2-2-5 为例，通常启动系统常见的故障有：

（1）启动机不转动

故障原因：①蓄电池亏电过多，导线连接处松动或电桩表面氧化严重；②启动机电磁开关线圈故障，主触点或接触盘严重烧蚀；③电动机故障；④启动回路中电器元件故障。

排故流程：

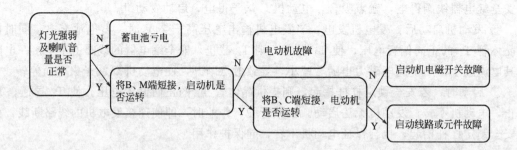

其中电磁开关故障判断：通过检测吸引线圈（C、M 端子）、保持线圈（C、外壳）、触点（B、M 端子）的阻值来判定。

继电器故障判定：线圈通额定电压（12V 或 24V）值后，检测触点的通断状态。

电锁故障判定：测开关闭合与断开时的电阻值是否符合要求。

线路：测阻值判断其通断。

（2）启动机运转无力

故障现象：电锁置于"ST"挡位时，启动机能带动发动机运转，但启动转速过低或稍转即停。

故障原因：①蓄电池亏电过多，导线连接处松动或电桩表面氧化严重；②启动机电磁开关主触点严重烧蚀，或接触盘接触不好；③电动机故障（如：电刷磨损、换向器烧蚀、线圈短路等）。

排故流程：

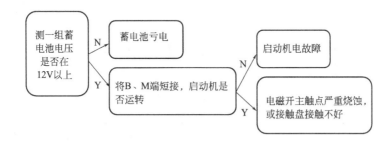

（3）启动机空转

故障现象：①电锁置于"ON"挡位时，启动机便空转；②电锁置于"ST"挡位时，发动机不转动，但启动机高速空转，或以很低的转速转动。

故障原因：①电磁开关的主触点烧结在一起（见图 2-2-10）；②单向离合器打滑。

排故流程：

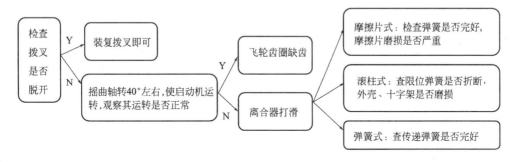

（4）驱动齿轮与飞轮不能啮合且有接击声

故障原因：①启动机驱动齿轮或飞轮环齿磨损过甚或损坏；②开关闭合过早，启动机驱动齿轮尚未啮入时启动机就已旋转。

（5）失去自动保护功能

故障现象：①柴油机启动后，启动机不能自动停转；②发生误操作再次合电锁于启动挡，发出齿轮撞击声。

故障原因：①发电机 R（或 N）接线柱与安全继电器线圈进线接线柱接线松动或连接导线断路；②安全继电器常闭触点烧蚀；③继电器搭铁不良。

7. 就车识别启动电路中的启动继电器、启动机、安全继电器、电锁、启动熔断器等电器元件在工程机械上的具体安装位置，并能熟练拆卸、安装，且正确接线。

8. 就车练习检测、排除启动电路常见故障的方法。

启动电路的接线及故障分析记录表

名　称	操作任务
电路图示	根据所准备的电器元件，画出启动电路：
启动机的正常工作状况	
故障现象	
排除故障的流程	
分析故障原因	
元件的检测参数	

 习 题

1. 分析图 2-2-1 启动电路的工作过程，说明工程机械发动机启动前后，对启动控制电路有哪些技术要求？

2. 根据图 2-2-10 所示的复合继电器的启动电路，说明各端子的接线方式，并画出相应的启动控制电路。

3. 说明工程机械启动控制电路中，启动继电器和安全继电器各起什么作用？二者有哪些不同？

4. 分析图 2-2-13 所示的启动电路工作过程，并根据电路说明启动机不转的故障原因。

5. 工程机械启动电路常见的故障有哪些？

任务 3 预热电路的故障检测

【先导案例】

　　冬季启动柴油机时，需将电锁置于预热挡从而预热发动机吸入的冷空气，同时预热指示灯点亮。若灯不亮，预热装置不工作，则会导致发动机不启动，因此需检测预热装置及相应的控制电路。

　　柴油机为压燃式发动机，采用自行着火燃烧方式，其着火性决定了柴油机冷启动的成功率和可靠性，但它又受进入气缸空气温度高低的直接影响。为保证柴油机冬季运行可靠且能迅速启动，除对机油、冷却液和蓄电池等采取必要的加热保温措施外，还要设置进气预热装置，以提高进入气缸空气的温度。

　　柴油机常用的预热装置有：电热式预热器、热胀式火焰预热器、电磁式火焰预热器等。

1.1 电热式预热器

　　电热式预热器俗称"电热塞"，是依靠电阻丝发热来预热的，并用螺纹安装在柴油机气缸盖上，下端炽热部分伸入燃烧室内。根据电阻丝的安装情况，可分为外露阻丝式、内装阻丝式电热塞。

　　（1）外露阻丝式电热塞

　　外露阻丝式电热塞的结构如图 2-3-1 所示，发热电阻丝通常用直径 1.6～2.0mm 的镍铬丝制成螺旋形，工作电压为 2～3V，工作电流为 25～40A。当接通电路后，在 30～40s 内，电阻丝表面即可达 800～900℃，使进入气缸的冷空气预热，以利于启动。外露阻丝式电热塞由于电阻外露，易受腐蚀，寿命较短。

　　（2）内装阻丝式电热塞

　　内装阻丝式电热塞的结构如图 2-3-2 所示，发热电阻丝装入不锈钢式镍铬铁耐热合金制成的金属套内，与高温、高压燃气隔绝，并在电阻丝四周填充了绝缘性导热性好的氧化镁绝缘物。其内部电路为：

　　中心导电杆 9→电阻丝 2→发热缸套 1→外壳 5→搭铁。

　　电路连接方式有并联和串联两种，通常多为并联方式。冬季柴油机启动时，将电锁置于"预热"挡，预热器电路接通，一般预热时间为 50s 左右，不超过 1min 即可。同时电路中还装有预热指示灯，若灯不亮则说明预热器未投入使用或有故障。

　　（3）电热网

　　电热网如图 2-3-3 所示，它的结构特点是将电阻丝绕成网状，固定在形状、尺寸与柴油机进气歧管一样的外框上，并安装在进气歧管的进气口上。启动时接通电源，电阻丝发热，加热进入气缸的冷空气，以利于启动。

　　通常预热电路相对简单。预热时，合预热开关，仪表盘上的预热指示灯亮，同时预热器

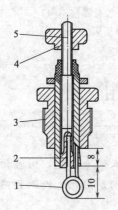

图 2-3-1　外露阻丝式电热塞

1—电阻丝；2—中心电极；
3—外壳；4—压线螺母；
5—接线螺栓

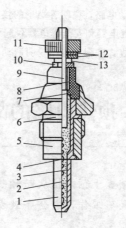

图 2-3-2　内装阻丝式电热塞

1—发热钢套；2—电阻丝；3—填充
剂；4,6—密封垫圈；5—外壳；7—绝
缘体；8—胶合剂；9—中心导电杆；
10—固定螺母；11—接线螺母；12—垫
圈；13—弹簧垫

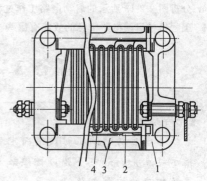

图 2-3-3　电热网

1—外壳；2—弹簧；
3—电阻丝；4—绝缘垫

工作；预热开关断开后，指示灯灭，同时预热器停止工作。

1.2　热胀式火焰预热器

热胀式火焰预热器基本结构如图 2-3-4 所示。预热器拧在进气歧管上，电阻丝 2 的一端经保护罩 3 与壳体 11 一起搭铁，另一端由接头螺钉 9 通向启动开关。

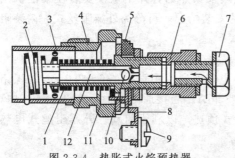

图 2-3-4　热胀式火焰预热器

1—空气杆；2—电阻丝；3—保护罩；4—接头螺套；
5—绝缘垫片；6—接头螺母；7,9—接头螺钉；
8—固定接片；10—钢球；11—壳体；12—杆身

预热器不工作时，冷缩作用使杆身压紧在阀座上而封闭。当预热开关在预热位置时，预热器的电路被接通。电阻丝 2 通电发热，使空气杆 1 发热伸长，并带动杆身 12 左移，使钢球 10 脱离阀座，打开油道，柴油自铜球阀处经杆身 12 头部的缝隙流入，滴到赤热的电阻丝 2 上被点燃，形成火焰喷出，将进入燃烧室的空气加热。

预热后，电热丝断电，空气杆 1 冷缩，带动杆身 12 将钢球压在阀座上，自动关闭油道。每次预热时间不可超过 40s，如一次不能启动，应隔 20s 后再预热启动，以免连续使用造成电阻丝过热烧断。

1.3　电磁式火焰预热器

电磁式火焰预热器基本结构如图 2-3-5 所示，安装在柴油机的进气歧管上。由壳体、电磁铁和发火装置组成。电磁铁由铁芯 11 和线圈 12 组成。铁芯的中心有孔，其中穿过阀门杆 8，杆 8 的一端带有吸盘 13，另一端带有阀门 7。阀门是由一个特别垫圈及装在垫圈上的耐油橡胶圈组成，由壳体 6 内的压缩弹簧 5，把阀门紧压在阀座上。电磁铁上有盖 14，用两个螺钉固定在铁芯上。

预热器燃油箱 9 上有加油口，用加油孔螺塞 10 堵住。上面焊着支板 15，上附接线柱，经按钮与车上的电源连接。电阻丝支承杆 3 上端扩大部分用螺纹旋入壳体。燃油由油箱通过

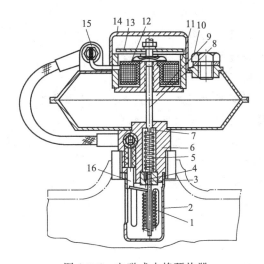

图 2-3-5 电磁式火焰预热器

1—电阻丝；2—稳烟罩；3—支承杆；4—油孔；5—压缩弹簧；6—壳体；

7—阀门；8—阀门杆；9—燃油箱；10—加油孔螺塞；11—铁芯；

12—线圈；13—吸盘；14—盖；15—支板；16—接触杆

支承杆上端中的量孔流到电阻丝上。电阻丝一端固定在支承杆 3 的下端，而另一端固定在接触杆 16 上，为了避免火焰被进气歧管的气流吹灭，在壳体上用两只螺钉固定着稳烟罩 2。

预热器不工作时，阀门的阀芯依靠弹簧弹力压紧在阀座上而封闭。当预热器时，置电锁于预热挡位，电阻丝与电磁铁线圈同时得电，产生电磁力使铁芯吸引吸盘 13 下行，压缩弹簧 5 推下阀杆将阀门打开，燃油经阀门和量孔流向发热的电阻丝而引起火焰，加热进气歧管中的空气。

工作情境设置

预热电路的常见故障检测

工程机械预热电路通常较简单，且常用电热式预热器。根据预热器功率的不同，在电路中加装预热开关保护装置：预热继电器。在电路中常见的故障有：预热指示灯不亮、预热器不工作等。若排除电路故障，则需按机械具体的预热电路，分析故障原因。

一、工作任务要求

1. 设计带有预热继电器的预热电路简图。

2. 能叙述电热塞或电热网的工作过程，使所画电路满足冷空气预热要求。

3. 能根据电路中出现的故障现象，写出故障分析流程。

4. 会使用仪器、仪表熟练操作，判断故障原因。

5. 能更换故障元件。

6. 能就车识别预热电路各电器元件安装位置，并能熟练拆卸、安装，且正确接线。

二、器材

蓄电池、电热塞、指示灯、验电笔、万用表、导线、继电器、熔断器、电锁、常用工具等。

三、完成步骤

1. 画出预热电路简图，并填入表中。

2. 分析所画的电路是否满足工作要求。

3. 选择电器元件，按所画电路接线。

4. 置电锁于预热挡，观察指示灯是否亮，电热塞是否发热。

5. 设置预热电路故障，使用仪器、仪表检测，分析故障原因，并排除。

通常预热电路常见的故障有：1）指示灯亮，预热塞不工作；2）指示灯不亮、预热塞工作；3）指示灯不亮、预热塞不工作。

注意： 指示灯的接线位置不同，产生的故障原因不同。

6. 就车识别预热电路中的各电器元件在工程机械上的具体安装位置，并能熟练拆卸、安装，且正确接线。

7. 就车练习检测、排除预热电路常见故障的方法。

预热电路的接线及故障分析记录表

名　称	操作任务
电路图示	画出装有预热继电器的预热电路：
预热电路的正常工作状况	
故障现象	
排除故障的流程	
分析故障原因	
元件的检测参数	

习　题

1. 工程机械上常见的预热装置有哪几种？

2. 根据结构图 2-3-2 所示，如何判断电热式预热装置的好坏？

3. 根据图 2-3-5 所示，说明电磁式火焰预热器的工作过程，并分析其不预热的故障原因有哪些？

项目3

■工程机械照明、信号系统的故障检测与排除

【知识目标】

1. 能描述前照灯的结构、工作原理。
2. 能描述闪光器、电喇叭的结构、工作原理及接线端子的作用。
3. 能正确描述判断照明、信号电路中元件好坏的方法。
4. 能描述照明、信号电路的工作原理。
5. 能描述照明、信号电路中常见的故障现象。
6. 能根据电路分析出现故障的原因。
7. 能正确描述排除电路故障的流程。

【能力目标】

1. 能就车识别、拆装照明、信号系统中的各电器元件。
2. 能正确维护照明、信号系统中的电器元件。
3. 会正确使用检测仪器及仪表。
4. 能正确判断车灯开关、变光开关、转向开关、继电器、熔断器、前照灯、雾灯、转向灯、闪光器、电喇叭等电器元件的好坏。
5. 能读懂不同类型工程机械照明、信号系统电路图。
6. 能正确检测照明、信号电路故障。
7. 能更换照明、信号电路中各故障元件，并正确接线。

工程机械夜间作业或行车转向时，前照灯、转向灯、电喇叭是作业现场保证安全的主要照明、信号设备。若作业时，工程机械两侧或一侧的前照灯突然熄灭，转向灯不亮、喇叭不响，则会使机械夜间作业的安全难以保障。排除该故障时，除对熄灭的前照灯、转向灯、喇叭进行检测之外，还需分析相应的照明、信号控制电路，检测电路中相关元件的好坏，并正确拆装、接线，排除电路故障。

任务 1　前照灯的检测

【先导案例】

工程机械照明系统主要包括：前照灯、前照侧灯、雾灯、顶灯和牌照灯，以确保机械在夜间行驶和安全作业。其中照明灯具中的前照灯，可保证机械前方路面有明亮而均匀的照明，使施工驾驶人员能辨明前方 $100\sim150m$ 内路面上的任何障碍物，在夜间两工程机械会车时，应装备防止使对方施工驾驶人员眩目作用的装置。基于前照灯的特殊性能，其灯丝、光照度、强度如何检测呢？

1   前照灯的结构及工作原理

前照灯的光学系统包括反射镜、配光镜和灯泡等三部分。

1.1   反射镜

由于前照灯的灯泡功率通常为 $40\sim70\mathrm{W}$，发出的光线为散射光，且发光强度、照射的范围有限。反射镜的作用是将灯泡的光线聚合成很强的光束并射向远方。

反射镜用薄钢板冲压而成，其表面形状呈旋转抛物面，如图 3-1-1 所示。其内表面采用真空镀铝、镀银或镀铬，然后抛光。

从光学的角度来看，银是反射镜最好的镀料，镀银层的反射系数高达 $90\%\sim95\%$，但银层质软，在清洁反射镜时易被擦伤，并容易受氧化作用而发黑，另外银的成本也偏高。镀铬层的反射系数只有 $60\%\sim65\%$，但机械强度高，不易擦伤或损坏。镀铝层的反射系数高达 94% 左右，机械强度也较高，故国产前照灯的反射镜目前大多采用真空镀铝。

前照灯反射镜的工作原理如图 3-1-2 所示，其中灯丝位于焦点上，灯丝的绝大部分光线向后落在立体角为 ω 的反射镜表面上，根据光路的可逆原理，这些光线经反射聚合变成平行光束射向远方，使发光强度大大增加。

图 3-1-1   反射镜

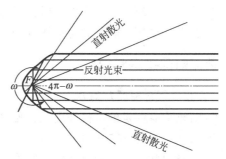

图 3-1-2   反射镜工作原理

1.2   配光镜

灯泡发出的光线经反射镜反射后，聚合成柱形平行光束，照射宽度窄。但工程机械车在夜间行驶时，不仅道路的全部宽度都要照明，且车前 100m 内的路面各处都要有良好而均匀的照明，因此须增加配光装置，将反射出的平行光束进行折射。

配光镜又称散光玻璃，是许多特殊的棱镜和透镜的组合体，一般采用透明玻璃或塑料制成。其几何形状如图 3-1-3 所示，折射原理如图 3-1-4 所示。

图 3-1-3   配光镜

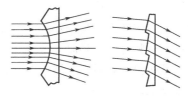

图 3-1-4   散射和折射

1.3   灯泡

目前工程机械前照灯用灯泡有普通白炽灯泡和卤钨灯泡两种，灯泡的额定电压为 6V、12V 和 24V 三种。

灯泡的灯丝均采用熔点高、发光强的钨丝制成。为了减少钨丝受热后的蒸发、延长灯泡的使用寿命，普遍白炽灯泡的玻璃泡内充以氩和氮的混合惰性气体。但由于灯丝的钨仍要蒸发，使发光强度降低，而蒸发出来的钨沉积在玻璃泡上并使其发黑。所以国内外普遍使用卤钨灯泡，即在所充的惰性气体中掺入溴和碘等卤族元素。

图 3-1-5　卤钨灯泡

卤钨灯泡是利用卤钨再生循环反应的原理，可避免钨的蒸发和灯泡的黑化现象。且卤钨灯泡用耐高温、机械强度高的石英玻璃制成，体积小、内部气体压力高，抑制钨的蒸发，发光强度为普通灯泡的 1.5 倍，其实物图如图 3-1-5 所示。

前照灯灯泡的基本参数为：额定电压、电功率、光通量、光度、发光效率和使用寿命等。其工作电压与参数的关系：

① 当工作电压超过额定电压时，由于通过灯丝的电流增大，灯丝发出的热量较多，因而灯泡的光通量、发光效率急剧增加，但使用寿命却大大缩短。

② 当工作电压超过额定电压的 55% 时，灯泡就会立即烧毁。

③ 当工作电压低于额定电压时，通过灯丝电流减小，灯泡的光通量大大降低。

④ 当工作电压下降到额定电压的 40% 时，灯泡不发光。

2　前照灯的基本要求

2.1　工程机械对前照灯的基本要求

① 灯泡应有一定的机械强度，在振动和轻度碰撞时，不易损坏，使用寿命长。

② 发光效率高，节约电能。

③ 灯丝尺寸小，近于点光源，并能经受一定范围内电源电压的变化。

④ 灯泡还应有避免前照灯眩目的作用。

眩目作用是指：当前照灯射出的强光束，突然射入人的眼睛时，刺激视网膜，就会因瞳孔来不及收缩，而本能地闭合上眼睛的现象。

2.2　前照灯防眩目的措施

工程机械夜间施工、行车时，强光束会造成迎面来的工程机械车辆施工驾驶人员眩目，很容易发生施工安全事故。

避免前照灯眩目的措施是采用双丝灯泡（见图 3-1-6），提供远、近光。其中远光灯丝位于反射镜的焦点上，功率大（45～55W），经反射镜聚合成平行光束射向远方；近光灯丝位于焦点的上方或前方，功率小（30～40W），大部分光线经反射镜反射后，向下投向路面。当机械夜间行驶时，若对面无来车，接通远光灯丝；两车相遇时，通过变光开关，将远光改为近光，既避免了对面施工驾驶人员的眩目，又将车前 30m 以内的路段照得十分清晰，保证了行车安全。

其中双丝灯泡的前照灯，按近光的配光方式分为对称式和非对称式两种。

① 对称式配光：远光灯丝位于反射镜的焦点上，而近光灯丝位于反射镜焦点的上方并稍偏右。美国、日本等国家常采用这一配光方式。

② 非对称式配光：远光灯丝位于反射镜的焦点处，近光灯丝则位于焦点前方，且稍高于光学轴线，其下方装有金属配光屏。

图 3-1-6　双丝灯泡的结构

　　配光屏的作用是挡住近光灯丝射向反射镜下半部的光线，近光灯丝射向反射镜上半部的光线经反射后倾向路面，而没有向上反射能引起眩目的光线。通常配光屏安装时偏转一定的角度，使近光的光形有一条明显的明暗截止线。

　　非对称配光性能符合联合国欧洲经济委员会制订的 ECE 标准，是比较理想的配光，我国的 GB 4599—2007 也采用此方式。

3　前照灯的类型

　　前照灯按结构可分为：可拆式、半可拆式和全封闭式三种。

　　（1）可拆式前照灯　该前照灯的配光镜靠反射镜边缘上的卡簧与反射镜组合在一起，并用箍圈与螺钉将它们固定在灯壳上。其密封性差，反射镜易受灰尘和潮气的污损而降低反射效率，目前已很少采用。

　　（2）半可拆式前照灯　如图 3-1-7 所示：配光镜依靠卷曲反射镜边缘上的矩形齿紧固在反射镜上，二者之间垫有橡胶密封圈，灯泡只能从反射镜后端安装。

　　（3）全封闭式前照灯　如图 3-1-8 所示：其反射镜和配光镜用玻璃制成一个整体而形成灯泡，灯丝焊在反射镜的底座上，灯内充入惰性气体与卤素，反射镜的镜面真空镀铝。其优点是密封性好，反射镜可以完全避免被污染，使用寿命长；但当灯丝烧坏后，需更换整个前照灯，使用与维修成本较高。

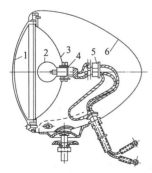

图 3-1-7　半可拆式前照灯

1—配光镜；2—灯泡；3—反光镜；4—插座；

5—接线盒；6—灯壳

图 3-1-8　全封闭式前照灯

工作情境设置

前照灯的检测

前照灯的检测主要包括强度和照度的检测。由于工程机械主要用于施工作业，使前照灯将规定范围照得明亮而均匀，因此在机械的定期保养中，要对前照灯的照度，即照射的方向和距离进行检验，必要时进行调整。同时，当照明电路发生故障时，首先检测灯丝是否断路。

一、工作任务要求

1. 能识别双丝灯泡远近光接线端子、公共端子。

2. 能检测双丝灯泡的好坏。

3. 能拆装双丝灯泡。

4. 会检测前照灯的照度，并会按技术要求调整。

二、器材

全封闭式前照灯、万用表、蓄电池、导线、双丝灯泡、典型工程机械、常用工具等。

三、完成步骤

1. 双丝灯泡好坏的检测及端子的识别

双丝灯泡的电路如图3-1-9所示：

1) 用万用表欧姆挡测任两端子之间的阻值：

① 若 $R_{ab}=R_{ac}=R_{bc}=\infty$，则远近光灯丝都断，需更换灯泡；

② 若 R_{ab}、R_{bc} 或 R_{ac}、R_{bc} 为无穷，则灯泡中有一个灯丝断。

③ 若 $R_{ab}<R_{ac}<R_{bc}$，则a为公共端子，b为远光端子，c为近光端子。因为远光灯丝功率大，电阻最小；近光灯丝功率小，电阻较大；远近光灯丝通过公共端子串联，电阻最大。

2) 通电测试：

① 给双丝灯泡的任意两端子接额定电压，观察两灯丝是否亮，如不亮，则灯丝断。

② 给双丝灯泡的任意两端子接额定电压，若远近光灯丝都亮，则不接线的端子为公共端子；使远光灯丝亮的，则为远光端子；使近光灯丝亮的，则为近光端子。

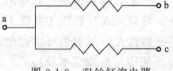

图3-1-9 双丝灯泡电路

2. 半可拆式前照灯灯泡的更换

由于半可拆式前照灯的灯泡只能从反射镜后端拆装。因此，拆卸灯泡时，先拔下灯泡插座，取下密封罩、卡簧，即可取下灯泡。安装顺序与拆卸正好相反。

注意：安装卤素灯时，切勿用手触及灯泡破裂表面，受皮肤玷污过的玻璃壳，会大大缩短其使用寿命，因此拿灯泡时，应拿其基座部位。

3. 前照灯的检测

前照灯光束调整不当，将严重影响工程机械行车、作业安全。不仅使驾驶人员容易疲劳，且会造成迎面来车的驾驶人员眩目。前照灯的检测可采用屏幕法和检验仪两种，通常工程机械以屏幕法为主。

(1) 检测前的准备

① 工程机械空载停放在水平地面上，检查轮胎气压是否符合规定；②清洁前照灯的配光镜；③在距机械前照灯 10m 处挂置屏幕（或利用粉白墙壁）。

（2）检测方法（见图 3-1-10）

① 两灯制灯泡，检测以近光为主。在屏幕上距地面高度约 $0.6 \sim 0.8H$（其中 H 为前照灯中心离地的高度）的地方，画一条水平线 c—d，比机械前照灯水平中心线高出 262mm。

② 再在屏幕上画出机械的垂直中心线与水平线 c—d 垂直。且在垂直中心线两侧，距中心线为两个前照灯距离的一半（515mm）的地方，做两条垂线，分别与水平线交于 c 和 d 两点。

③ 调整时，先遮住右侧前照灯，开左前照灯近光，调整左边前照灯的左右和上下调整螺钉使其射出的光束中心对准 c 点，然后以同样的方法调整右侧的前照灯，使其射出的光束中心对准 d 点即可。

参考值：前照灯水平方向位置左、右偏差不得大于 100mm。

④ 若四灯制前照灯，外侧为远近光双丝灯泡，内侧为远光单丝灯泡，检测以内侧远光单光束灯为主。检测时，在屏幕上距地面高度为 $(0.85 \sim 0.9)H$ 处化一水平线 a—b，且与两垂线的交点为 a、b 点。

⑤ 调整时，先遮住右侧前照灯，开左前照灯远光单光束灯，调整左边前照灯的左右和上下调整螺钉使其射出的光束中心

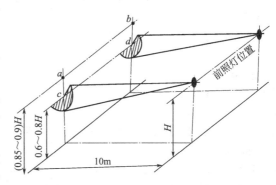

图 3-1-10 前照灯的屏幕检测法

对准 a 点，然后以同样的方法调整右侧的前照灯，使其射出的光束中心对准 b 点即可。

参考值：水平位置要求左灯向左偏差不得大于 100mm，左灯向右偏差和右灯向左、向右偏差均不得大于 170mm。

前照灯检测记录表

检测任务		检测结果	结论
前照灯任意两端子之间的阻值		$R_{12} =$	
		$R_{13} =$	
		$R_{23} =$	
工程机械前照灯的类型			
光轴偏移检测	左前照灯	左偏移量(mm)：	
		右偏移量(mm)：	
		上偏移量(mm)：	
		下偏移量(mm)：	
	右前照灯	左偏移量(mm)：	
		右偏移量(mm)：	
		上偏移量(mm)：	
		下偏移量(mm)：	

习 题

一、简答题

1. 说明前照灯的组成及满足的技术要求。

2. 前照灯的防眩目措施有哪些？

3. 如何识别双丝灯泡中的公共接线端子？

二、判断题

1. 工程机械照明系统的主要电器设备有前照灯、位灯、雾灯、转向灯和牌照灯。（　　）

2. 前照灯的光学系统主要包括反射镜、配光屏和灯泡。（　　）

3. 我国交通法规规定，夜间会车时，须距对面来车150m以外互闭远光灯，改用防眩目近光灯。（　　）

4. 前照灯的检测主要是指发光强度及照射位置应符合国家标准规定。（　　）

5. 在调整光束位置时，对具有双丝灯泡的前照灯，应该以调整近光光束为主。（　　）

三、选择题

1. 能将反射光束扩展分配，使光形分布更适宜照明的器件，甲认为是反射镜，乙认为是配光镜。你认为（　　）。

    A. 配光镜　　　　　　B. 配光屏　　　　　　C. 反射镜　　　　　　D. 灯泡

2. 四灯制前照灯的内侧两灯一般使用（　　）。

    A. 远、近光双丝灯泡　　B. 远光单丝灯泡　　　C. 两者都可

3. 在调整光束位置时，对具有双丝灯泡的前照灯，甲认为以调整近光光束为主，乙认为以调整远光光束为主。你认为（　　）。

    A. 甲对　　　　　　　B. 乙对　　　　　　　C. 甲、乙都对　　　　D. 甲、乙都不对

4. 更换卤素灯泡时，甲认为可以用手指接触灯泡的玻璃部位，乙认为不能。你认为（　　）。

    A. 甲对　　　　　　　B. 乙对　　　　　　　C. 甲、乙都对　　　　D. 甲、乙都不对

5. 前照灯的远光灯丝应位于反射镜的（　　）。

    A. 焦点上　　　　　　B. 焦点的上方　　　　C. 焦点的上前方　　　D. 焦点下方

6. 双丝灯泡中的近光灯丝阻值（　　）。

    A. 比远光灯丝阻值大　　B. 比远光灯丝阻值小　　C. 与远光灯丝阻值相等

任务2　照明电路分析及故障检测

【先导案例】

    工程机械在行驶、作业时，若出现照明灯具不亮、照明灯具一侧亮，另一侧不亮或照明灯具不能实现相应的技术要求时，则需分析工程机械照明系统电路，并在读懂电路的基础上，检测、排除电路故障。

1　照明开关

1.1　拉杆式照明开关

    该开关通常安装在仪表板上，用来控制前照灯、前后位灯、仪表灯等。开关上有五个接线柱，三个挡位，并装有双金属片熔断器。其结构图如图3-2-1所示。

    其中接线柱1接前后位灯；接线柱2接前照灯变光开关；接线柱3接尾灯、仪表灯及顶灯；接线柱4接电源；接线柱5接制动灯开关。

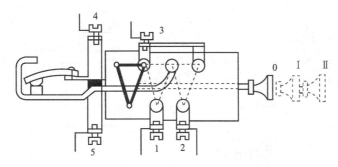

图 3-2-1　拉杆式照明开关

当开关置于"0"挡时，各灯具都不亮；当开关置于"Ⅰ"挡时，1、3 接线柱所接灯具亮；当开关置于"Ⅱ"挡时，2、3 接线柱所接灯具亮，但 1 接线柱断电，所接灯具熄灭。

且开关内的双金属片熔断器，当通过熔断器的电流过大时，双金属片受热膨胀弯曲，触点打开，切断电路；待冷却后，触点又复位闭合。

1.2　组合开关

该开关是将车灯开关、变光开关、转向开关、超车开关等组合在一起，通常安装在转向盘附近，操作灵活，使用方便。其实物图如图 3-2-2 所示。

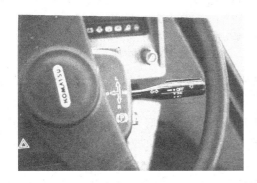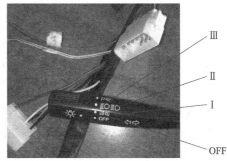

图 3-2-2　组合开关

（1）超车开关　夜间行车时起超车警示作用。该开关有两个挡位："ON"、"OFF"。当车灯开关置于"OFF"位置时，向后扳动组合开关，则超车开关置于"ON"挡，点亮远光灯；松手后，开关自动复位于"OFF"挡，切断电路。

（2）车灯开关　该开关有四个挡位，置于"Ⅰ"挡时，前后小灯、仪表灯、牌照灯点亮；置于"Ⅱ"挡时，前后小灯、仪表灯、牌照灯、远光灯、仪表盘上的远光指示灯点亮；置于"Ⅲ"挡时，只有停车灯点亮。

（3）变光开关　根据需要切换远光和近光。该开关有两个挡位："远光"、"近光"；三个接线端子：B 公共端子、远光端子 H、近光端子 L。

2　典型照明电路分析

2.1　照明系统电路

照明系统电路如图 3-2-3 所示。

该电路是由雾灯电路、仪表灯电路、顶灯、工作灯插座电路、前照灯电路等组成。

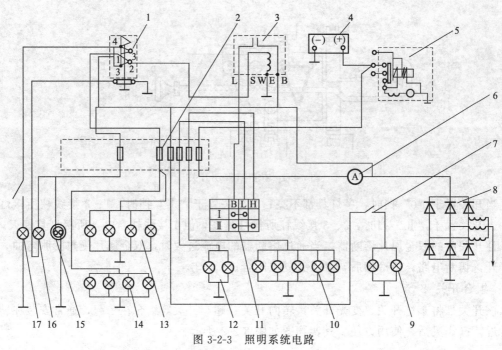

图 3-2-3 照明系统电路

1—车灯开关；2—熔断器；3—灯光继电器；4—蓄电池；5—启动机；6—电流表；7—雾灯开关；

8—发电机；9—雾灯；10—远光灯；11—变光开关；12—近光灯；13—示宽灯；

14—仪表灯；15—工作灯插座；16—顶灯；17—发动机罩下灯

（1）雾灯电路 在有雾、下雪、暴雨或其他能见度较差的环境时，合雾灯开关 7，则雾灯点亮。其光色为黄色，光波长，透雾性好。

（2）仪表灯电路 受车灯开关控制，当开关置于"Ⅰ"挡时，将示宽灯 13、仪表灯 14、顶灯 16 点亮；同时工作灯插座 15 得电，合开关，发动机罩下灯点亮。

（3）前照灯电路 当车灯开关置于"Ⅱ"挡时，灯光继电器 3 线圈得电，使其触点闭合，给变光开关 11 的公共端子 B 提供电源，接通前照灯电路。当变光开关置于"H"位置时，远光灯 10 点亮；置于"L"位置时，近光灯 12 点亮。其前照灯电路简图如图 3-2-4 所示。

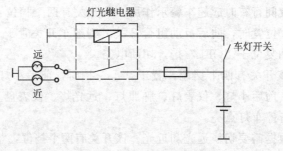

图 3-2-4 前照灯照明电路

2.2 典型工程机械前照灯电路分析

典型工程机械前照灯电路图如图 3-2-5 所示。

该电路是由车灯组合开关、远近光双丝灯泡、前后小灯、仪表灯等组成。其中变光开关置于远光（H）位置，端子 1 接电源，端子 6 搭铁；双丝灯泡端子 1 为公共端子。电路工作过程为：

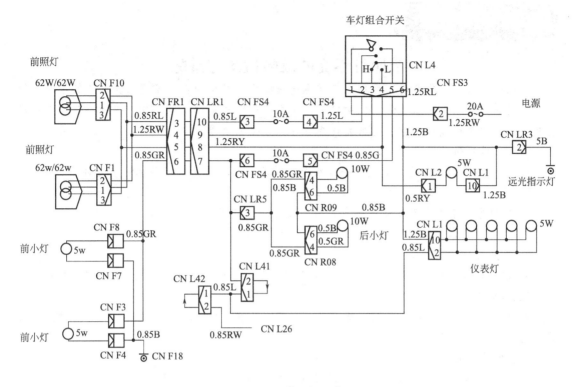

图 3-2-5 前照灯电路

① 当组合开关置于"Ⅰ"挡时，开关的 1、5 端子得电，前后小灯、仪表灯点亮。电流回路为：

电源"＋"→20A 熔断器→接线器 CNFS3→车灯组合开关 1、5 端子→接线器CNFS4→

10A 熔断器→ { 两个前小灯 / 两个后小灯 / 仪表灯 } →搭铁。

② 当组合开关置于"Ⅱ"挡时，开关的 1、2、5 端子得电，除"Ⅰ"挡的所有灯具点亮之外，远近光灯、远光指示灯也同时点亮。电流回路为：

a. 电源"＋"→20A 熔断器→车灯组合开关 1、2 端子→前照灯端子 1、2（远光灯丝）→车灯组合开关 3、6 端子→搭铁。

b. 电源"＋"→20A 熔断器→车灯组合开关 1、2 端子→前照灯端子 1、3（近光灯丝）→远光指示灯→搭铁。

③ 会车时，当变光开关置于"近光"（L）位置时，远光灯熄灭，近光灯仍亮，同时车灯开关将远光指示灯断路，使仪表盘上的远光指示灯熄灭。电流回路为：

电源"＋"→20A 熔断器→车灯组合开关 1、2 端子→前照灯端子 1、3（近光灯丝）→车灯组合开关 4、6 端子→搭铁。

注意：工程机械夜间作业时，要求施工现场清晰、可见，因此电路中前照灯的功率很大。若远近光点亮时，通过车灯开关的电流很大，容易使其烧坏，通常在电路中加入远近光继电器。设计添加继电器保护的前照灯电路，并接线验证是否满足技术要求。

工作情境设置

前照灯不亮的故障检测与排除

工程机械行驶、作业时，照明系统常见的故障主要表现为：灯不亮、亮度不够等；进行故障诊断时，应根据机械具体的照明电路，检测易引起故障的部位，如：搭铁不良、熔断器烧坏、导线断路或接线松动、电器元件烧坏等，并排除故障。

一、工作任务要求

1. 画出使用车灯开关、变光开关或组合开关的照明电路简图，并标注各元件端子符号。
2. 根据电路正确接线，使电路满足工作要求。
3. 能根据电路中出现的故障现象，写出故障分析流程。
4. 会使用仪器、仪表检测电路故障，判断故障原因。
5. 能更换故障元件。
6. 能就车识别照明电路各电器元件的安装位置，并能熟练拆卸、安装、检测、排故。

二、器材

蓄电池、前照灯、组合开关、车灯开关、变光开关、测试灯、万用表、导线、继电器、熔断器、常用工具等。

三、完成步骤

1. 根据所给元件，画出照明电路的简图，使其满足工程机械照明技术要求。
2. 选择电器元件，按所画照明电路简图接线。
3. 判定组合开关中变光开关的公共端子B：用万用表的欧姆挡测开关分别置于不同位置时任意两端子的通断，确定开关的B、H、L端子。
4. 判定双丝灯泡的公共端子及远、近光灯丝的接线端子，并注意接线方式。

灯泡的接线方式不唯一，公共端子既可为灯丝的进线，也可为灯丝的出线，根据灯泡与开关的接线方式而定。

5. 合车灯开关、变光开关，观察所接照明电路是否满足变光要求，且正常工作。
6. 若正常工作，人为设置电路故障，使用仪器、仪表检测，分析故障原因，并排除。

以图3-2-4照明电路为例，该电路常见的故障有：

（1）前照灯的远、近光灯都不亮

故障原因：①熔丝烧断；②车灯开关接触不良；③灯光继电器线圈断路或触点烧蚀；④变光开光接触不良；⑤远近光灯丝断路；⑥远近光灯丝搭铁不良；⑦导线松动或断路。

排故流程：

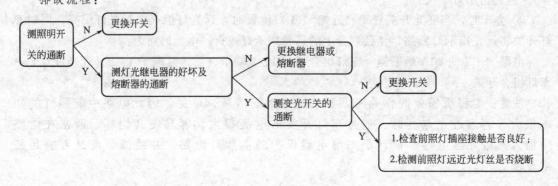

其中变光开关、灯丝故障判断：通过用万用表欧姆挡检测端子的通断来判定。

灯光继电器故障判定：该继电器为单触点式，线圈不得电时，触点断开，线圈得电时，触点闭合。

（2）前照灯的远光灯或近光灯不亮

故障原因：①变光开关故障；②远光灯丝或近光灯丝烧断；③开关与灯插座之间的线路断。

排故方法：① 检测变光开关，用万用表测量变光开关闭合时 B、L 或 B、H 端子之间的阻值，若阻值为无穷大，则开关有故障。② 测远光或近光灯丝的通断及线路的通断。

（3）一侧前照灯的远光与近光都不亮

故障原因：①灯插座接触不良；②前照灯灯丝烧断。

排故方法：①检测不亮的前照灯的灯丝是否烧断；②检测灯插座，若插座锈蚀，可用砂纸打磨。

注意：

① 若在照明电路中经常出现前照灯灯丝烧断故障，则说明交流发电机输出电压过高。

② 若出现前照灯灯光暗，则说明接线松动、开关、触点接触不良或供电电压低。

③ 若一侧前照灯亮，另一前照灯暗，则说明暗的一侧搭铁不良。

7. 画出带有左、右前照灯继电器的照明电路，并按电路接线，验证其功能。

8. 就车识别照明电路中车灯熔断器、继电器、开关、前照灯等元件在机械上的具体安装位置，并能熟练拆卸、安装，且正确接线。

9. 就车练习检测、排除照明电路常见故障的方法。

前照灯电路的接线及故障分析记录表

名　称	操作任务
电路图示	画出前照灯电路简图：
变光开关公共端检测	检测、判断方法
前照灯的正常工作状态	
电路的故障现象	
分析可能的故障原因	
排除故障的检测流程	
电路的实际故障原因	
设计电路	画出带左、右前照灯继电器保护的照明电路图：
验证设计电路	操作结果：

■ 习 题 ∷∷

1. 如图 3-2-5 所示，远光灯点亮的同时，近光灯的状态如何？
2. 工程机械前照灯电路常见的故障有哪些？
3. 如图 3-2-5 所示，分析左远光灯不亮的故障原因，并写出其检测流程。
4. 试画出带有远、近光继电器的照明电路。

任务3　转向电路分析及故障检测

【先导案例】

　　工程机械灯光信号装置分为车内和车外两种，用以提醒行驶道路或作业场地周围人员注意机械在行驶或作业状态时，驾驶人员的意图，减少、避免事故发生。其灯光信号包括：转向信号灯、示宽灯（前位灯）、尾灯（后位灯）、制动灯、停车灯、仪表灯及报警指示灯，且大多信号灯由各相应的开关控制，电路相对简单，排故较容易。只有转向信号灯，除在转弯时灯光点亮外，还按一定的频率闪烁，且左右转向灯同时闪烁时，作为危险报警闪光灯使用。因此，排除转向灯不亮或不闪、亮而不闪、闪烁频率过高或过低等故障，则必须检测工程机械相应的转向信号电路，更换故障元件，且正确接线。如何分析、检测、排除信号电路故障呢？

1　闪光继电器的结构及工作原理

　　工程机械转向灯电路一般由四只转向灯、两只转向指示灯、转向灯开关、闪光继电器（又称闪光器）等组成。转向灯的功率一般为 20W，指示灯的功率一般为 2W。

　　其中闪光继电器，外有三个接线端子：B 接电源；L 接转向开关；E 搭铁；根据其结构、工作原理的不同可分为：电热式、电容式和晶体管式等三种类型。

1.1　电热式闪光继电器

　　电热式闪光继电器是通过电热丝的热胀冷缩使触点断开和闭合，接通或切断转向灯电流，使其按一定的频率闪烁。常用的电热式闪光继电器可分为电热丝式和翼片式两种：

1.1.1　电热丝式闪光继电器

　　如图 3-3-1 所示：其结构由铁芯、线圈、触点、电热丝、附加电阻等组成。工作过程为：

　　① 闪光继电器不工作时，活动触点 4 在镍铬丝 5 的拉力下与固定触点 3 分开。

　　② 当工程机械转弯时，转向灯电路接通（如右转弯），电流回路为：

　　a. 铅蓄电池"＋"→接线柱 7→活动触点臂→镍铬丝 5→附加电阻 6→接线柱 8→开关 9→右转向信号灯 13（和转向指示灯 12）→铅蓄电池"－"。

　　该电路中，由于附加电阻 6 接入转向信号灯电路，故灯泡的亮度很弱。通电一段时间后，镍铬丝 5 受热膨胀而伸长，使触点 3、4 闭合。触点闭合后，电流回路为：

　　b. 铅蓄电池"＋"→接线柱 7→触点 4、3→线圈 2→接线柱 8→转向开关 9→右转向信号灯 13（和转向指示灯 12）→铅蓄电池"－"。

　　该电路中，附加电阻 6 和镍铬丝 5 被触点短接而无电流。这时线圈 2 中有电流通过，产生电磁力使触点闭合较牢。由于电路中的电阻减小，电流增大，故转向信号灯发出较亮的

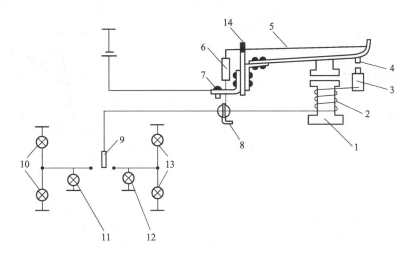

图 3-3-1　电热丝式闪光继电器

1—铁芯；2—线圈；3—固定触点；4—活动触点；5—镍铬丝；

6—附加电阻；7,8—接线柱；9—转向开关；10,13—左右转向灯；

11,12—左右转向指示灯；14—调节片

光。经过一段时间后，镍铬丝 5 又冷却复原，使触点重新打开，电路又回到①回路，灯光变暗，如此循环往复。

该闪光器中，触点反复开闭，使附加电阻 6 不断被接入与短路，导致通过转向信号灯丝的电流忽大忽小，灯光一明一暗。且转向信号灯的闪光频率，通常为 65～120 次/min。

1.1.2　翼片式闪光继电器

翼片式闪光器是利用电流的热效应，以热胀条的热胀冷缩为动力，使叶片产生突变动作，接通和断开触点，使转向信号灯闪烁。根据热胀条受热情况的不同，可分为直热翼片式和旁热翼片式两种。

（1）直热翼片式闪光器

如图 3-3-2 所示，其结构由翼片 2、热胀条 3、动触点 4、静触点 5 和支架 1、8 等组成。翼片 2 为弹性钢片，平时靠热胀条 3 绷紧成弓形。热胀条由膨胀系数较大的合金钢带制成，在其中间焊有动触点 4，热胀条 3 在冷态时，使触点 4、5 闭合。工作过程为：

转向时，接通转向灯开关 6，铅蓄电池即向转向灯供电，电流回路为：

铅蓄电池"＋"→接线柱 B→支架 1→翼片 2→热胀条 3→动触点 4→静触点 5→接线柱 L→转向灯开关→左右转向信号灯 9 和指示灯 7→铅蓄电池"－"。

此时左右转向信号灯 9 立即发亮。热胀条 3 因通过电流而发热伸长，使翼片 2 突然绷直，动触点 4 和静触点 5 分开，切断电流，于是左右转向信号灯 9 熄灭。

当通过转向信号灯的电流被切断后，热胀条开始冷却收缩，又使叶片突然弯成弓形，动触点 4 和静触点 5 再次接触，接通电路转向信号灯再次发光，如此循环往复，使转向信号灯一亮一暗地闪烁。

（2）旁热翼片式闪光器

如图 3-3-3 所示，其结构翼片 6（也称弹簧片）、热胀条 1、电阻丝 2、动触点 4、静触点 5 等组成。且闪光器不工作时，触点 4 和 5 处于分开状态。工作过程为：

转向时，接通转向灯开关 8，电流回路为：

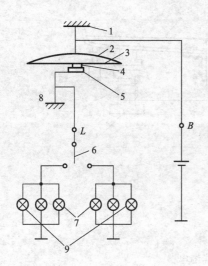

图 3-3-2　直热翼片式闪光器

1,8—支架；2—翼片；3—热胀条；4,5—动、静触点；
6—转向开关；7—左右转向指示灯；9—左右转向信号灯

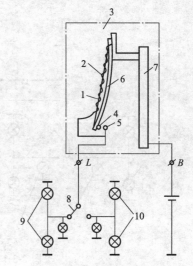

图 3-3-3　旁热翼片式闪光器

1—热胀条；2—电阻丝；3—闪光器；4,5—触点；6—翼片；
7—支架；8—转向开关；9—左转指示灯、信号灯；
10—右转指示灯、信号灯

a. 铅蓄电池"＋"→接线柱 B→支架 7→电阻丝 2→静触点 5→接线柱 L→转向灯开关 8→转向信号灯和指灯→铅蓄电池"－"。

这时信号灯虽然有电流通过，但是由于电阻丝 2 的电阻较大，使电路中电流较小，信号灯不亮。

同时，电阻丝发热，加热热膨胀条 1，使热胀条受热伸长，翼片 6 依靠自身的弹力使触点 4 与 5 闭合。电流回路为：

b. 铅蓄电池"＋"→接线柱 B→支架 7→翼片 6→动触点 4→静触点 5→接线柱 L→转向灯开关 8→转向信号灯和指示灯→铅蓄电池"－"。

此时电阻丝被短路，失去电流，且回路电流增大，转向信号灯和指示灯发亮。同时膨胀条 1 逐渐冷缩，拉紧翼片，使触点断开，循环往复，使转向信号灯一亮一暗地闪烁。

1.2　电容式闪光继电器

电容式闪光继电器的作用是通过电容器充放电的过程中，使线圈的电磁力增加或减弱，导致其触点断开和闭合，从而使转向信号灯按一定的频率闪烁。

其结构如图 3-3-4 所示，主要由电磁继电器和电容器组成，其中继电器有两对触点，即常闭触点 P_1 和常开触点 P_2（P_1 和 P_2 联动）。触点 P_1 控制转向信号灯的电流，触点 P_2 控制仪表盘上转向指示灯的电流。继电器铁芯上绕有两组线圈，其中 L_V 和电容器 C 相接，L_C 和转向开关相接，工作过程为：

① 接通总电源开关 K_s，当左转时，合

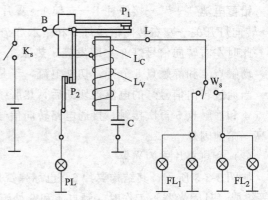

图 3-3-4　电容式闪光继电器的结构

转向开关，接通左侧转向灯，电流的通路为：

　　a. 铅蓄电池"＋"→总开关 K_S→接线柱 B→常闭触点 P_1→线圈 L_C→转向开关→左转信号灯 FL_1→铅蓄电池"－"。

　　b. 铅蓄电池"＋"→总开关 K_S→接线柱 B→常闭触点 P_1→线圈 L_V→电容器 C→铅蓄电池"－"。

　　这时左转向信号灯 FL_1 通电而点亮，且电容器充电。但由于通过线圈 L_V 的充电电流和线圈 L_C 的电流方向相反，产生的磁力方向相反，合磁力为两线圈电磁力的差。在充电电流大于一定值时，合磁力减弱，导致触点 P_1 在弹簧的作用仍保持闭合，左转向信号灯 FL_1 继续点亮。

　　此时，常开触点 P_2 断开，仪表盘上的转向指示灯 P_L 不发亮。

　　② 随着电容器两端电压 U_C 的升高，使通过线圈 L_V 的充电电流逐渐减小，合磁力逐渐增加，当充电电流减小到一定程度时，较强的磁吸力使常闭触点 P_1 断开，则左转向信号灯 FL_1 熄灭。同时常开触点 P_2 闭合，接通转向指示灯 P_L 点亮，电流回路为：

　　铅蓄电池"＋"→总开关 K_S→接线柱 B→常开触点 P_2→左转指示灯 P_L→铅蓄电池"－"。

　　③ 触点 P_1 打开的同时，电容器 C 通过两线圈 L_V、L_C、信号灯 F_L 放电，通过两线圈的电流方向相同，合磁力方向相同，使线圈铁芯继续保持磁化，触点 P_1 仍处于断开状态。这时左转信号灯的亮度大大减弱。电容器的放电回路为：

　　电容器"＋"→线圈 L_V→线圈 L_C→接线端子 L→转向开关→左转信号灯 FL_1→铅蓄电池"－"→电容器"－"。

　　随着电容器 C 的放电，电容器两端的电压 U_C 逐渐下降，放电电流随之减小，合磁力减弱。当磁力减弱到一定值时，又使触点 P_1 闭合，触点 P_2 断开，转向信号灯 FL_1 点亮，转向指示灯 P_L 熄灭，同时电容器 C 充电。上述过程循环往复，转向信号灯和转向指示灯便交替闪烁。

　　因此，电容式闪光器电路中，电容器充电，常闭触点闭合，常开触点断开，转向信号灯亮，转向指示灯灭；电容器放电，常闭触点断开，常开触点闭合，转向信号灯灭，转向指示灯亮。

1.3　晶体管式闪光继电器

　　晶体管式闪光继电器具有闪光频率稳定，亮暗分明、清晰，无发热元件，工作可靠且适应电压范围大等优点。

　　其实物图如图 3-3-5 所示，结构如图 3-3-6 所示。

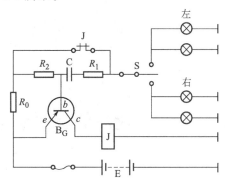

图 3-3-5　晶体管式闪光继电器实物　　　　图 3-3-6　晶体管式闪光继电器

该继电器主要由晶体管（三极管）、继电器、电容等组成，且继电器为常闭触点式。工作过程为：

① 合转向开关 S，接通转向信号灯电路，其电流回路为：

a. 铅蓄电池"＋"→熔断器→电阻 R_0→常闭触点 J→转向开关 S→左转信号灯→铅蓄电池"－"。

此时转向灯点亮，同时 R_0、R_2 上的电压降提供晶体管 *be* 极的正向偏置电压使晶体管 B_G 导通，集电极电流通过继电器 J 线圈搭铁，产生电磁力使常闭触点 J 断开，于是电容 C 充电，转向信号灯的灯光变暗。电流回路为：

b. 铅蓄电池"＋"→熔断器→电阻 R_0→电阻 R_2→电容器 C→电阻 R_1→转向开关 S→左转信号灯→铅蓄电池"－"。

c. 铅蓄电池"＋"→熔断器→晶体管 B_G→继电器线圈 J→铅蓄电池"－"。

② 随着充电时间的延长，充电电流逐渐减小，电容 C 的端电压 U_C 逐渐增加，使晶体管 B_G 的基极电位不断提高，当基极电位接近发射极电位时，使晶体管 B_G 截止，继电器线圈失电，触点 J 又闭合，转向灯又点亮。同时，电容 C 放电。放电回路为：

电容器"＋"→电阻 R_2→继电器触点 J→电阻 R_1→电容器"－"。

③ 随着电容 C 放电的进行，其端电压 U_C 逐渐下降，当电压降到一定值时，使晶体管 *be* 极的正向偏置电压大于门槛电压时，又使晶体管导通，继电器线圈得电，常闭触点 J 断开，电容 C 充电，转向信号灯的灯光变暗，重复上述过程。

于是转向信号灯不断的忽明忽暗地闪烁，且闪烁频率由电容器 C 的容量决定。因此，在该晶体管式闪光电路中，电容器充电，晶体管导通，继电器线圈得电，转向信号灯变暗；电容器放电，晶体管截止，继电器线圈失电，转向信号灯变亮。

2 不同类型转向信号电路分析

2.1 控制开关

2.1.1 转向开关

该开关安装在转向盘附近，有三个挡位：断开、左转、右转，三个接线端子：B 为公共端子；L 为左转信号灯；R 为右转信号灯。其中开关向上操作时，左转；向下操作时，右转；实物图如图 3-3-7 所示。

图 3-3-7 转向开关

2.1.2 报警开关

该开关安装通常安装在仪表盘上，有两个挡位：接通（ON）、关闭（OFF）；四个接线端子,两进线,两出线。该开关合上时,左右转向灯同时点亮。实物图如图 3-3-8 所示,电路图如图 3-3-9 所示。

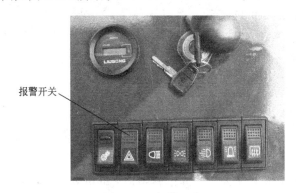

图 3-3-8 报警开关

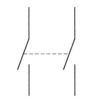

图 3-3-9 报警开关电路图

2.2 不带继电器的转向信号电路分析

如图 3-3-10 所示,该信号电路是由转向电路、喇叭电路、倒车电路、制动电路四部分组成。

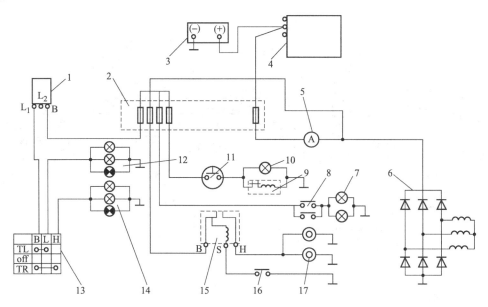

图 3-3-10 信号系统电路

1—闪光器;2—熔断器;3—蓄电池;4—启动机;5—电流表;6—发电机;7—制动灯;8—制动灯开关;
9—倒车蜂鸣器;10—倒车灯;11—倒车灯开关;12—左转信号灯;13—转向开关;
14—右转信号灯;15—喇叭继电器;16—喇叭按钮;17—电喇叭

① 喇叭电路:合喇叭按钮 16,则喇叭 17 响。其具体电路分析及接线方式在喇叭电路模块中详细介绍。

② 倒车电路:操作杆置于倒挡时,倒车灯开关 11 闭合,倒车灯 10 点亮的同时,倒车蜂鸣器 9 响。其电路分析在报警装置模块中详细介绍。

③ 制动电路:工程机械行车制动时,踩下制动踏板,制动灯开关 8 闭合,制动灯 7 点亮。

④ 转向信号电路：电路中的闪光器，B 端子通过熔断器接电源，L 端子接转向开关的公共端子（B），左转时，开关 BL 接通；右转时，开关 BR 接通；左右转向信号灯点亮的同时，并按一定的频率闪烁。其电路简图如图 3-3-11 所示。

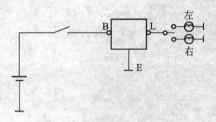

图 3-3-11 转向信号电路简图

注意： 当工程机械左右转向信号灯的功率较大时，需在电路中加入继电器，保护转向开关。那么继电器如何接入电路，才能保证电器设备的安全运行呢？

2.3 典型工程机械转向信号电路分析

如图 3-3-12 所示，该电路由组合开关、闪光器、报警继电器、转向灯等组成。其工作过程为：

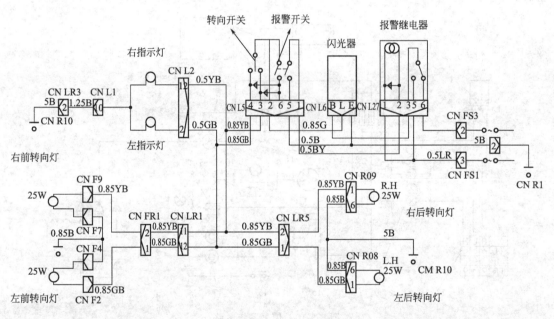

图 3-3-12 转向信号电路

① 左转时，合转向开关，左前后转向灯、左指示灯点亮，且按一定的频率闪烁；电流回路为：

电源"＋"→接线器 CNFS3→报警继电器 6、3 端子→闪光器的 B、L 端子→转向开关

的 2、4 端子→{接线器 CNL2 端子 2→左指示灯
接线器 CNLR1 端子 12→接线器 CNFR1 端子 1→左前转向灯→搭铁。
接线器 CNLR5 端子 1→接线器 CNR08 端子 1→左后转向灯}

② "双闪"时，合报警开关，左右转向信号灯、指示灯同时得电，且按一定的频率同时闪烁。电流回路为：

a. 电源"＋"→接线器 CNFS1→报警继电器线圈（1、2 端子）→报警开关 1、5 端子 4→搭铁。

此时，报警继电器线圈得电，常开触点 3、5 闭合，常闭触点 3、6 断开。

b. 电源"＋"→接线器 CNFS1→报警继电器常开触点（3、5 端子）→闪光器的 B、L 端子→报警开关 2、3 端子、2、4 端子→前后左右前后转向灯、指示灯→搭铁。

注意：该工程机械转向信号灯电路中，接入双触点报警继电器，根据图 3-3-12 所给的转向信号电路图，请画出其电路简图。并通过电路接线验证其转向功能。

工作情境设置

转向灯不亮、不闪的故障检测与排除

工程机械转向信号系统常见的故障有：所有转向灯都不亮、左侧或右侧转向灯不亮、转向灯闪烁频率过快或过慢、转向灯亮而不闪等，若排除转向信号电路故障，则在具体的转向电路接线基础上，根据出现的故障现象，分析故障原因。

一、工作任务要求

1. 画出使用组合开关的转向电路简图，并标注各元件端子符号。

2. 能叙述所画转向电路的工作过程，并根据电路正确接线，使电路满足工作要求。

3. 能根据电路中出现的故障现象，写出故障分析流程。

4. 会使用仪器、仪表检测电路故障，判断故障原因。

5. 能更换故障元件。

6. 能就车识别转向电路各电器元件的安装位置，并能熟练拆卸、安装、检测、排故。

二、器材

蓄电池、转向灯、组合开关、测试灯、万用表、导线、继电器、熔断器、电锁、常用工具等。

三、完成步骤

1. 根据所给元件，画出转向电路简图，使其满足工程机械转向技术要求。

2. 选择电器元件，按所画转向电路简图接线。

3. 判定组合开关中转向开关的公共端子 B：用万用表的欧姆挡，检测开关分别置于 L 位置、R 位置时任意两端子的通断，确定开关的 B、R、L 端子。

4. 识别闪光继电器的 B、L、E 端子，并注意接线方式。

5. 合转向开关、报警开关，观察所接电路是否正常工作。

6. 若正常工作，人为设置电路故障，使用仪器、仪表检测，分析故障原因，并排除故障。

以图 3-3-11 转向信号电路为例，转向电路常见的故障有：

（1）所用的转向灯都不亮

故障原因：①转向信号灯电路中的两熔丝烧断；②报警继电器触点接触不良；③组合开关烧蚀；④电源与开关之间的线路断路或插接器松动、接触不良；⑤闪光器烧坏；⑥所由的转向灯烧坏。

排故流程：

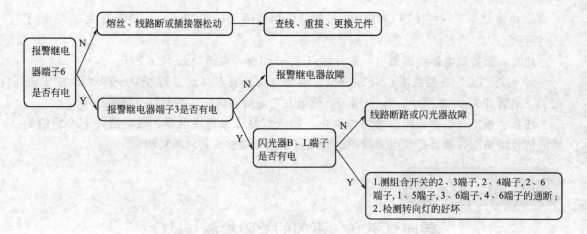

其中组合开关故障判断：通过检测端子的通断来判定。

报警继电器故障判定：该继电器为双触点式，线圈不得电时，端子3、6闭合，3、5断开；线圈得电时，则端子3、5闭合，3、6断开。由于继电器线圈并联二极管，注意电源的进线。

闪光器故障判定：合转向开关，将闪光器的B、L端子短接，若转向灯点亮，则说明闪光器有故障。

线路：测阻值判断其通断。

(2) 左或右侧转向灯不亮

故障原因：①相应电路的导线接线松动、断路；②相应的插接器松动；③相应的转向开关故障。

排故方法：① 若合报警开关，实现"双闪"功能，则转向开关故障；或将转向开关端子2（B）、4（L），端子2（B）、3（R）短接，若转向灯亮，则转向开关故障。② 若合报警开关，无"双闪"功能，或短接转向开关端子后，转向灯不亮，则检测相应线路的通断、插接器对应端子的通断、组合开关相应端子的通断等。

(3) 转向灯闪烁频率过快或过慢

故障原因：①灯泡的功率取用不当，若灯泡功率过大时，闪烁频率快；灯泡功率太小时，闪烁频率慢；②闪光器故障；③供电电压过高或过低。

排故方法：①查灯泡功率是否符合标准；②查并联转向灯中是否有灯泡断路；③检测电路中的接线端是否接触良好；④查电压调节器的电压是否过高等。

(4) 转向灯亮而不闪

故障原因：闪光器故障。

7. 画出带有转向继电器的转向信号电路，按电路接线，并验证其功能。

8. 就车识别转向电路中的转向信号灯、转向指示灯、转向灯熔断器、转向继电器、闪光器等元件在机械上的具体安装位置，并能熟练拆卸、安装，且正确接线。

9. 就车练习检测、排除转向信号电路常见故障的方法。

转向电路的接线及故障分析记录表

名　　称	操作任务	
电路图示	画出转向信号电路图：	
组合开关 公共端检测	1. 检测、判断方法	2. 根据检测值画出转向开关、报警开关的电路简图
转向电路的 正常工作状态		
电路的故障现象		
分析可能的 故障原因		
排除故障的 检测流程		
电路的实际 故障原因		
设计电路	当转向灯功率较大时,画出带继电器保护的转向电路图：	
验证设计电路	操作结果:(若不能实现转向电路正常的工作状态,分析原因)	

■ 习 题

1. 闪光器有哪几种类型？如图 3-3-6 所示的电子式闪光继电器的频率由什么来决定？

2. 闪光器的接线端子标号是什么？接线方式如何？

3. 以任意类型的闪光器为例，说明转向灯功率较大时，闪光器闪烁频率过快的原因。

4. 转向电路常见的故障有哪些？

5. 如图 3-3-12 电路所示,分析左侧转向灯不亮的故障原因。

6. 若图 3-3-12 电路中的报警继电器内二极管击穿,会导致什么现象?为什么?

7. 画出带有左、右转转向继电器的控制电路。

任务4　喇叭电路分析及故障检测

【先导案例】

　　为了保证工程机械行驶、作业的安全,以警告行人和其他车辆,工程机械上都装有电喇叭。且通过喇叭按钮控制电喇叭是否工作。喇叭电路中,常见的故障现象有:喇叭不响、喇叭变音、喇叭响声时断时续、喇叭响声不断等,那么如何改变喇叭音调、排除喇叭电路出现的故障呢?

1　电喇叭的结构与工作原理

　　电喇叭通常分为普通电喇叭和电子电喇叭两种。普通电喇叭是利用内部触点的断开和闭合来控制喇叭电磁线圈激励膜片振动而产生音响的。电子电喇叭是利用晶体管电路的通断来控制喇叭电磁线圈激励膜片振动而产生音响的。喇叭的实物如图 3-4-1 所示,电路简图如图 3-4-2 所示,其外端有两接线柱,一进线,一出线。其好坏判断的方法很简单:给两接线柱通电后,若喇叭响,则喇叭无故障;若喇叭不响,则喇叭有故障。

图 3-4-1　盆形电喇叭

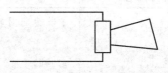

图 3-4-2　喇叭电路简图

　　按外形普通喇叭有筒形、螺旋形和盆形等。

1.1.1　筒形、螺旋形电喇叭的结构及工作原理

　　筒形、螺旋形电喇叭如图 3-4-3 所示:其主要由振动膜片 3、共鸣板 2、中心杆 12、衔铁 10、触点 15、线圈 4 和电容 19 组成,其工作原理为:

　　按喇叭按钮 21,电流回路为:

　　蓄电池"＋"→线圈 4→触点 15→—喇叭按钮 21→蓄电池"—"。

　　此时线圈 4 得电产生磁场,吸动衔铁 10 下行,并通过中心螺栓 12 推动振动膜片 3;同时使调整螺母 14,压下动触点臂 16,使触点 15 断开,切断电路。电路切断后,线圈 4 中的电流消失,电磁吸力亦随之消失,衔铁在弹簧片 9 和振动膜片 3 的作用下复位,又使触点 15 重新闭合,电路重新接通。如此循环往复,使振动膜片 3 不断振动,便产生一定音调的声波,并由扬声筒 1 加强后传出。共鸣板 2 与振动膜片刚性连接,其振动时,使喇叭的声音更加悦耳。

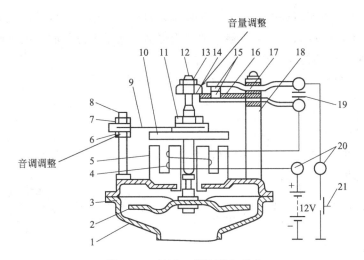

图 3-4-3 筒形、螺旋形电喇叭

1—扬声筒；2—共鸣板；3—振动膜片；4—线圈；5—山形铁芯；6,14—调整螺母；

7,11,13—锁紧螺母；8—螺栓；9—弹簧片；10—衔铁；12—中心螺栓；

15—触点；16—活动触点臂；17—静触点臂；18—触点支架；

19—电容；20—接线柱；21—喇叭按钮

结构中，电容 19 与触点并联，用来减小触点通断时的火花，以延长触点的使用寿命。

1.1.2 盆形电喇叭的结构及工作原理

盆形电喇叭如图 3-4-4 所示：其主要由触点 7、线圈 2、膜片 4、共鸣板 5、衔铁 6、铁芯 9 和调整螺母（音调、音量）等组成，铁芯 9 上绕有线圈 2，上下铁芯之间的气隙在线圈之间，能产生较大的吸力。且上铁芯、膜片和共鸣板固装在一起。其工作原理为：

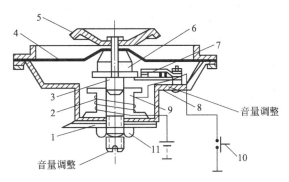

图 3-4-4 盆形电喇叭

1—下铁芯；2—线圈；3—上铁芯；4—膜片；5—共鸣板；6—衔铁；

7—触点；8—音量调整螺钉；9—铁芯；10—喇叭按钮；11—锁紧螺母

按喇叭按钮 10，电流回路为：

蓄电池"＋"→线圈 2→活动触点臂→触点 7→固定触点臂→喇叭按钮 10→蓄电池"－"。

线圈 2 得电产生磁场，上铁芯 3 被吸下与下铁芯碰撞，产生较低的基本频率，并激励膜片与共鸣板产生共鸣，从而发出比基本频率更强、分布更集中的谐音。同时压下动触点臂，使触点 7 断开，切断电路。则线圈 2 失电，电磁力消失，衔铁 6 复位，又使触点 7 重新闭合，电路重新接通。

这样，线圈中的电流时通时断，振动膜片时合时放，产生高频振动，发出音响。

为减小触点通断时的火花，延长触点的使用寿命，通常触点并联一电容或灭弧电阻。

1.1.3 电子电喇叭的结构及工作原理

电子电喇叭的结构如图 3-4-5 所示，电路图如图 3-4-6 所示。

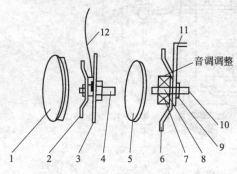

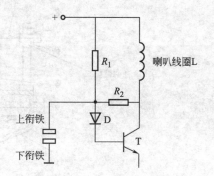

图 3-4-5 电子电喇叭

1—罩盖；2—共鸣板；3—绝缘膜片；4—上衔铁；

5—绝缘垫圈；6—喇叭体；7—线圈；8—下衔铁；

9—锁紧螺母；10—调节螺钉；11—托架；12—导线

图 3-4-6 电子电喇叭电路

该喇叭的工作原理为：

① 按喇叭按钮后，喇叭电路接通，电阻 R_1 提供晶体管 T 的正向偏置电压使其导通，喇叭线圈 L 得电，产生电磁力，吸引上衔铁 4，并带动膜片 3、共鸣板 2 一起动作。电流回路为：

a. 蓄电池"＋"→电阻 R_1→二极管 D→晶体管 be→蓄电池"－"。

b. 蓄电池"＋"→喇叭线圈 L→晶体管 T→蓄电池"－"。

② 当上下衔铁接触后，晶体管正向偏置电压 U_{be} 为零，导致 T 截止，喇叭线圈失电，电磁力消失，膜片与共鸣板在其弹力的作用下复位，从而使上下衔铁断开，晶体管再次导通，如此循环往复，使膜片不断振动，电子电喇叭发出声响。

2 电喇叭的使用与调整方法

工程机械为获得更加悦耳的声音，通常使用两个不同音调（高、低音）的双音喇叭，且两喇叭并联接线后，与喇叭按钮串联。其中喇叭的调整，包括音调和音量的调整。

喇叭发出的音调与膜片振动的频率有关，频率越高，膜片振动得越快，音调越高；喇叭的音量大小与通过喇叭线圈电流的大小有关，通过的电流越大，音量越大；反之音量就小。

通常电喇叭构造不同，其调整方法也不完全一样，但其调整原则是基本相同的。

2.1 喇叭音调的调整

① 筒形、螺旋形电喇叭音调的调整是通过改变衔铁与铁芯之间的间隙来实现的。间隙减小，喇叭的音调提高，反之则降低。

调整方法：

先松开（见图 3-4-3）锁紧螺母 7 和调整螺母 6，并转动衔铁 10，调整接触盘和铁芯之间的间隙（即调节振动频率），使间隙调整到 0.5～1.5mm 之间。若间隙过大，则会吸不动衔铁；间隙过小，则会发生衔铁碰撞铁芯的现象；调整后将锁紧螺母 7 拧紧，以免因振动影响电喇叭的正常工作。

② 盆形电喇叭音调的调整是通过改变上下衔铁之间的间隙来实现。

调整方法：

先松开（见图 3-4-4）锁紧螺母 11，松开或旋紧音调调整螺杆，改变上下衔铁之间的距离。音调发尖，应增大间隙；音调低哑，应减小间隙。其操作图示如图 3-4-7 所示。

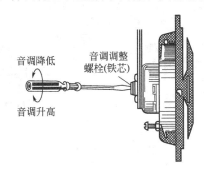

图 3-4-7　盆形电喇叭音调的调整

③ 电子电喇叭音调的调整通过改变上下衔铁之间的间隙来实现。

调整方法：先松开（见图 3-4-5）锁紧螺母 9，松开或旋紧音调调整螺钉 10，即改变上下衔铁之间的距离。

2.2　喇叭音量的调整

电喇叭音量的大小取决于通过喇叭线圈中电流的大小，通过改变触点之间的压力即可实现。当触点间的压力增大时，接触电阻减小，触点闭合的时间较长，通过喇叭线圈的电流增加，电喇叭的音量随之增大；反之电喇叭的音量减小。

（1）筒形、螺旋形电喇叭音量的调整　先松开（见图 3-4-3）锁紧螺母 13，拧转调整螺母 14，即可调整 15 触点间的压力。调整后将锁紧螺母拧紧。

（2）盆形电喇叭音量的调整　先松开（见图 3-4-4）锁紧螺母，松开或旋紧音调调整螺钉 8，即可改变触点 7 之间的距离。其操作图示如图 3-4-8 所示。

此外，喇叭的固定方法对其发音也有很大影响。为了使声音正常，固定时不能作刚性连接，而应固定在弹性支架上，即在喇叭与固定支架之间设置片状弹簧或橡皮垫。

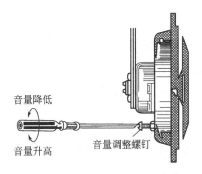

图 3-4-8　盆形电喇叭音量的调整

3　工程机械喇叭电路分析

工程机械上通常装有两个电喇叭，且电流较大。如果直接用喇叭按钮控制，按钮由于过流能力弱而容易烧坏。为保护喇叭按钮，电路中应接入喇叭继电器，其接线电路如图 3-4-9 所示。

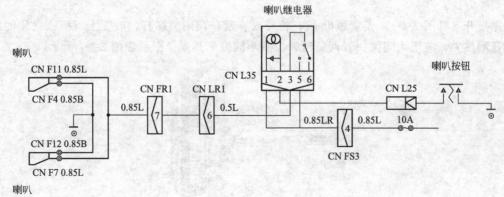

图 3-4-9　喇叭电路

工作过程为：

① 按下喇叭按钮，喇叭继电器线圈得电，产生电磁力，使常开触点（3、5 端子）闭合，大电流经触点通过喇叭线圈，则喇叭响，起警示作用。电流回路为：

a. 蓄电池"＋"→熔断器→接线器 CNFS3→喇叭继电器线圈→接线器 CNL25→喇叭按钮→蓄电池"－"。

b. 蓄电池"＋"→接线器 CNFS3→喇叭继电器触点（5、3 端子）→接线器 CNLR$_1$、CNFR$_1$→喇叭→蓄电池"－"。

② 松开喇叭按钮时，切断继电器线圈的电流，触点打开，喇叭停止发音。

注意：

① 在该电路中，与继电器线圈并联的二极管，起保护线圈的作用。根据二极管的单向导电性，只能端子 1 为进线，端子 2 为出线，否则使线圈短路。

② 供电电源可由电锁控制，也可由蓄电池直接提供，根据工程机械的具体技术要求灵活设计。

工作情境设置

喇叭不响的故障检测与排除

工程机械喇叭电路常见的故障有：喇叭不响、喇叭变音、喇叭响声时断时续、喇叭响声不断等。若排除电路故障，则在喇叭电路接线的基础上，根据出现的故障现象，分析故障原因。

一、工作任务要求

1. 能检测喇叭的好坏，调整喇叭的音调和音量。

2. 画出带继电器的喇叭电路简图，并标注各元件端子符号。

3. 能叙述所画喇叭电路的工作过程，并根据电路正确接线，使电路满足工作要求。

4. 能根据电路中出现的故障现象，写出故障分析流程。

5. 会使用仪器、仪表检测电路故障，判断故障原因。

6. 能更换故障元件。

7. 能就车识别电喇叭、喇叭继电器、喇叭熔断器的安装位置，并能熟练拆卸、安装，且正确接线。

二、器材

蓄电池、电喇叭、喇叭按钮、测试灯、万用表、导线、继电器、熔断器、常用工具等。

三、完成步骤

1. 通电验证喇叭的好坏。

2. 识别电喇叭上的锁紧螺母和调整螺钉，练习电喇叭音调和音量的调整方法。

3. 画出喇叭电路简图，使电喇叭正常工作。

4. 选择电器元件，按所画的电路简图接线。

5. 识别喇叭继电器的接线端子，并注意接线方式。

6. 按喇叭按钮，观察喇叭是否正常工作。

7. 若正常工作，人为设置电路故障，使用仪器、仪表检测，分析故障原因，并排除故障。

喇叭电路常见的故障有：

（1）喇叭不响

故障原因：①熔丝、导线断路；②喇叭继电器触点烧蚀、接触不良、继电器线圈断路；③喇叭按钮烧蚀；④电喇叭内触点烧蚀；⑤搭铁不良。

排故流程：

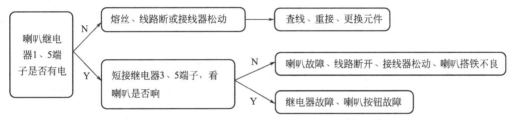

其中电喇叭好坏的判定：给喇叭通电，看其是否响，不响，则喇叭有故障。

（2）喇叭声响时断时续

故障原因：①导线连接处松动、插接器插接松动；②喇叭继电器触点烧蚀、接触不良；③喇叭按钮接触不良。

排故方法：

① 首先查喇叭电路中的导线接线处、插接器插接处是否松动，若松动，重新接线；②检查喇叭继电器是否完好：给继电器线圈通电，检测触点的通断；③检测喇叭按钮的通断及活动是否自如。

（3）喇叭变音

故障原因：①喇叭膜片破裂；②喇叭膜片与共鸣板固定螺钉松动；③喇叭安装松动。

排故方法：

①首先检查喇叭安装是否可靠、牢固（注意：喇叭的安装必须要用弹性支撑）；②给喇叭的两端子通电，检测其音质是否正常。

（4）喇叭响声不停

故障原因：①喇叭按钮卡死；②喇叭继电器触点烧结；③继电器与喇叭按钮之间的导线破损搭铁。

排故方法：

①检测喇叭按钮好坏；②检测喇叭继电器好坏；③检测继电器与喇叭按钮之间的导线。

8. 就车识别电喇叭、喇叭继电器、喇叭熔断器、喇叭按钮等电器元件在工程机械上的具体安装位置，并能熟练拆卸、安装，且正确接线。

9. 就车练习检测、排除喇叭电路常见故障的方法。

喇叭电路的接线及故障分析记录表

名　　称	操作任务		
电路图示	画出喇叭电路简图：		
电路的正常 工作状态			
电路出现的 故障现象			
分析可能的 故障原因			
排除故障的 检测流程			
电路的实际 故障			
电器元件的 好坏检测		检测的方法及检测值	结果分析
	电喇叭		
	喇叭按钮		
	喇叭继电器		
喇叭的调整		调整方法	结果分析
	音调		
	音量		

■ 习题

1. 如何判断喇叭的好坏？
2. 为什么喇叭电路中添加继电器？
3. 若喇叭电路中的继电器触点烧蚀，会导致什么故障？为什么？
4. 若喇叭内部的触点烧蚀，会导致什么故障？为什么？
5. 喇叭电路中，常见的故障有哪些？
6. 如何排除喇叭不响的故障原因？写出其排故方法。
7. 电喇叭的音调和音量由什么来决定？如何实现？

项目4

■工程机械仪表、报警系统的故障检测与排除

【知识目标】

1. 能描述各种传感器的功用、工作原理。
2. 能描述各种仪表、报警开关的功用、结构及工作原理。
3. 掌握传感器校核的方法。
4. 能描述判断仪表、开关好坏的方法。
5. 能描述传感器标准的技术参数。
6. 能描述机械仪表报警电路的工作原理。
7. 能描述仪表电路常见的故障现象。
8. 能描述分析、排除故障的流程。

【能力目标】

1. 能就车识别工程机械中的各种传感器、仪表及报警系统中的各电器元件。
2. 能就车拆装各种传感器、仪表及报警开关、指示灯及显示屏。
3. 能正确使用检测仪器及仪表。
4. 能校核传感器的好坏。
5. 能正确判断冷却液温度表、油压表、燃油表、电压表、小时表及相应报警开关等元件的好坏。
6. 能读懂工程机械仪表、报警电路图。
7. 能正确检测电路故障。
8. 能更换仪表、报警电路的故障元件，并正确接线。
9. 能正确无误的填写维修记录。

仪表及报警显示装置是工程机械运行和作业时重要的信息装置，也是技术服务人员发现问题、排除故障的重要工具。操作人员通过仪表、报警指示的显示，可随时掌握工程机械各部分系统的运行情况，及时发现和排除潜在故障，保证机械的正常运行。其中仪表盘上的所有仪表、报警装置主要是由传感器、仪表、报警开关、指示灯等组成。出现仪表不指示、指示不准或报警装置不显示等故障时，维修人员需在读懂仪表报警电路的基础上，判断电路中传感器、仪表、报警装置等元件的好坏，分析故障原因，排除故障现象。

任务1　传感器的检测

【先导案例】

　　工程机械作业时，主要用传感器对其运行状态进行检测，把非电量信号转变为电量

信号。如发动机冷却液温度、液压油油温高低的检测，机油、液压油压力大小的检测，冷却液、燃油、液压油油位高低的检测等，其检测值的精确与否主要由相应的传感器来确定。当发动机冷却液的温度指示不准或不指示，燃油的油位不显示等，首先需判断检测元件的好坏。那么如何判断传感器的好坏呢？

1 概述

工程上通常把直接作用于被测物体上，能按一定规律将其转换成同种或另种量值输出的器件，称为传感器；通常传感器处于测试装置的输入端，其性能将直接影响整个测试装置的工作质量。

传感器的种类名目繁多，分类不尽相同。常用的分类方法如下：

① 按被测量分类，可分为位移传感器、压力传感器、温度传感器、转速传感器、流量传感器等。

② 按工作原理分类，可分为机械式传感器、电气式传感器、光学传感器、流体式传感器等。

③ 按信号变换特征分类，可分为物性型传感器、结构型传感器。

④ 按能量关系分类，可分为能量转换型传感器、能量控制型传感器。

⑤ 按输出信号分类，可分为模拟式传感器、数字式传感器。

2 常用传感器

2.1 温度传感器

温度传感器是一种把温度变化转换为电阻变化的传感器。工程机械上常需检测的温度信号有：发动机燃油温度、发动机空气温度、发动机增压空气温度、冷却液温度、液压油油温等。

2.1.1 热敏电阻式传感器

金属导体大部分随着温度的升高，其电阻值增大。而还有许多半导体材料，其电阻值随其阻体温度变化而变化。通常在工作温度范围内，其电阻值随温度升高而增加的热敏电阻称为正温度系数热敏电阻；其电阻值随温度升高而减少的称为负温度系数热敏电阻。在临界温度时，其电阻值发生跃减的称为临界温度热敏电阻。

而工程机械上的温度传感器常为负温度系数热敏电阻，随温度升高而电阻减小，如图4-1-1 所示为冷却液温度传感器（水温传感器）、图 4-1-2 所示为液压油温传感器，传感器电路图示如 4-1-3 所示。

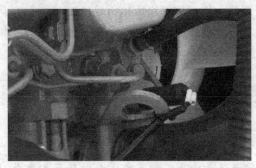

图 4-1-1 冷却液温度传感器

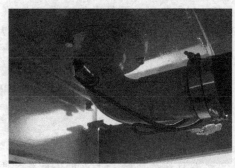

图 4-1-2 液压油温传感器

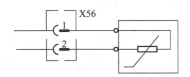

图 4-1-3　传感器电路图

在仪表电路中，如果将传感线进线搭铁，仪表将显示满量程。如果将传感进线悬空，仪表将显示最小读数。

2.1.2　热敏铁氧体温度传感器

热敏铁氧体温度传感器一般用于控制工程机械柴油机散热器的电动风扇。传感器的工作状态如图 4-1-4、图 4-1-5 所示。当热敏铁氧体所处环境低于规定温度时，干簧开关的触头中有直通的磁力线穿过并产生吸力，所以触头闭合，如图 4-1-4 所示。当热敏铁体周围高于规定温度时，热敏铁氧体没有被磁化，磁力线平行地通过干簧开关上的触头，触头之间产生排斥力，所以触头断开，如图 4-1-5 所示。

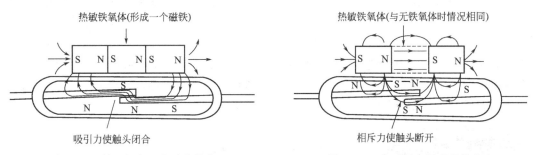

图 4-1-4　低于规定温度时的状态 　　　　图 4-1-5　高于规定温度时的状态

2.1.3　热电偶式传感器

热电偶式传感器简称热电偶，它是目前工程机械上应用最广泛、最成熟的一种接触式温度传感器。它能方便地将温度信号转换为电势信号。

其主要特点：性能稳定，结构简单，测量范围广，一般在 $-180\sim2800℃$ 之间，且灵敏度要比热电阻高得多，且热惯性小，反应快，在沥青混凝土拌和设备中应用广泛，用来测量热骨料、成品料及沥青的温度。

热电偶式传感器的工作原理是基于热电效率。如图 4-1-6 所示，在两种不同材料的导体 A 或 B 组成的闭合回路中，若它们的两个接点的温度不同，则回路中将产生一个电动势，称为热电势或塞贝克电势，这种现象就是热电效应或塞贝克效应。

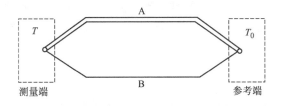

图 4-1-6　热电偶原理图

由两种不同材料的导体组成的闭合回路称为热电偶。组成热电偶的导体称为热电极。热电偶所产生的电动势称为热电势，热电偶的两个接点中，置于温度为 T 的被测对象中称为测量端，又称为工作端或热端；而温度为参考温度 T_0 的另一端称为参比端或参考端，又称为自由端或冷端。

在热电偶式传感器回路中串接一个毫安表。当 $T = T_0$ 时，毫安表不偏转；$T \neq T_0$ 时，热电势产生热电流，毫安表会发生偏转，并且测量端与参考端的温差越大，偏转越大；当 A 与 B 的材料变化时，热电流的大小也会变化；当材料端与参考端的位置相互更换时，热电流的方向也会发生变化。由此可见，热电偶的热电势与其测量端及参比端的温度有关，且与热电极的材料有关，而与热电极的截面、长度和温度分部无关。

2.2 转速传感器

转速传感器用于检测旋转部件的转速。由于工程机械的行驶速度与驱动轮或其他传动机构的转速成正比，测得转速便可以得知车速。因此，转速传感器又广泛用来作为车速传感器使用。

常用的转速传感器为变阻式转速传感器，其实物图如图 4-1-7 所示，结构与原理图如图 4-1-8 所示。

其结构主要由线圈、永久磁铁、外壳及铁芯组成。整个传感器固定不动，安装在发动机飞轮外壳上。为了能产生感应电动势，需要在被测轴上安装一由导磁材料制成的齿盘，传感器的感应端应对准齿盘的齿顶，并保持一定的径向间隙。当发动机工作时，齿盘转动，齿盘与铁芯之间的气隙发生周期性的变化，使气隙磁阻和通过线圈的磁通量发生相应的变化，于是在线圈中便产生出交流电动势。其输出电势随间隙（各种机型间隙不一定相同）、飞轮转速而变化，尤其是间隙的变化，所以调整间隙很重要。

图 4-1-7 转速传感器

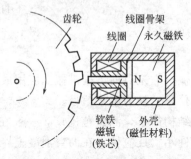

图 4-1-8 转速传感器结构与原理

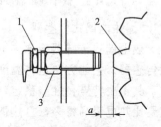

图 4-1-9 安装图示
1—传感器；2—飞轮；
3—锁紧螺母

转速传感器的安装图示如图 4-1-9 所示，安装方法：

将传感器轻轻旋入传感器接口，并且与齿轮接触，然后将传感器旋出 1～1.5 圈，即此时传感器前端与齿轮之间的间隙为 1.25～1.75mm，最后将传感器锁紧螺母拧紧，注意拧动时需要做标记。

转速传感器性能判断：

① 发动机启动后，转速传感器输出正弦波。

② 发动机转速在 1000～2270r/min 时，用万用表交流挡可以测出转速传感器输出 3～28V 的交流电压。

③ 安装转速传感器之后，要求测量其输出电压值，输出电压在 3～28V 之间为合适。

④ 若电压小于 3V，则控制器检测不到信号；若大于 28V，则会对控制器有影响。

2.3　角位移传感器

角位移传感器在工程机械中应用较广，沥青混凝土摊铺机用于检测料仓内料堆高度的料位传感器，以及自动找平系统的纵坡传感器等都属于角位移传感器。常用的角位移传感器有：电位器式、磁敏电阻式和差动变压器等。

2.3.1　电位器式

电位器式角位移传感器的传感元件为电位器，通过电位器将机械的位角转换为与之成一定函数关系的电阻或电压输出。

电位器式角位移传感器的优点是结构简单、尺寸小、质量小、精度高且稳定性好，可以实现线性及任意函数特性；受环境因素的影响较小；输出信号较大，一般不需要放大，但其存在摩擦和磨损，且线绕电位器分辨力较低。

电位器式角位移传感器按照其结构形式不同，可分为线绕式、薄膜式、光敏式等。

（1）线绕式电位器角位移传感器　线绕式电位器角位移传感器的结构如图 4-1-10 所示，传感器主要由电位器 1 和电刷 2（滑动触头）两个基本部分组成。电位器 1 是由电阻系数很高又极细的绝缘导线，整齐地绕在一个绝缘骨架上制成。在它与电刷相接触的部分，将导线表面的绝缘层去掉，并加以抛光，形成一个电刷可在其上滑动的光滑而平整的接触道。电刷与电位器之间始终有一定的接触压力。在检测角位移时，将传感器的转轴与被测角度的转轴相连，当被测物体转过一个角度时，电刷在电位器上有一个相应的角位移，于是在输出端就有一个与转角成比例的输出电压 U。

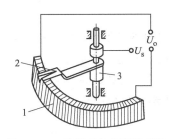

图 4-1-10　线绕式角位移传感器
1—电阻器；2—电刷；3—转轴

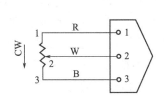

图 4-1-11　燃油盘电路图

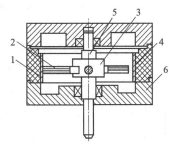

图 4-1-12　非线绕式角位移传感器
1,4—电阻元件；2—电刷；
3—固定座；5—转轴；6—端盖

线绕电位器式角位移传感器效能稳定，但分辨率低、耐磨性差、使用寿命短。

安装于仪表板上的燃油盘，旋钮下面安有电位计，转动旋钮时，电位计的轴就转动。电路图示如图 4-1-11 所示。

电气调速控制器的输入信号电压在 0～5V 之间变化。随着轴的转动，电位器内的可变电阻器的电阻值发生变化，其输出的电压信号随之变化，则电气调速控制器根据接收到的电压信号调整发动机的转速。

（2）非线绕式电位器角位移传感器　非线绕式电位器角位移传感器的结构与工作原理如图 4-1-12 所示。传感器主要由电位器、电刷、导电片、转轴和壳体组成。根据电位器传感器元件的材料及制作工艺不同，可分为合成膜、金属膜、导电塑料、金属陶瓷等。它们的共同特点是在绝缘基座上制成各种电阻薄膜元件，因此比线转式电位器具有高得多的分辨率，并且耐磨性好、寿命长，如导电塑料电位器使用寿命可达上千万次。

光敏式电位器是一种非线绕、非接触式电位器，其特点是以光束代替了常规的电刷，但在工程机械上采用较少。

2.3.2 磁敏电阻式

磁敏电阻是由半导体材料制成，这种材料的特点是其电阻值随外加磁场的强弱而变化，这种现象称为磁阻效应。

磁敏电阻式角位移传感器的主要元件为磁敏电阻和永久磁铁。磁铁固定在轴上，当被测物体带动传感器轴转动时，改变了磁铁与磁敏电阻之间的距离，使通过磁敏电阻的磁通量发生变化，于是传感器的输出电阻值或电压便产生相应的变化。

其中磁敏电阻的灵敏度较高，在强磁场范围内，线性较好。但是受温度影响较大，一般需要采取温度补偿措施。

2.3.3 差动变压器

差动变压器式角位移传感器是通过将角位移转换成线圈互感的变化而实现角位移测量

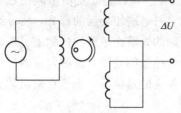

图 4-1-13 差动变压器式角位移传感器电路图

的。其主要由一个初级线圈、两个次级线圈及铁磁转子组成，其电路图如图 4-1-13 所示。

初级线圈 1 由交流电源励磁，两个次级线圈 2 和 3 接成差动式，即反向串接，输出电压 ΔU 是两次级线圈感应电压的差值，故称差动变压器。当转子处于如图 4-1-13 所示的位置时，两个次级线圈的磁阻相等，由于互感作用，两个次级线圈感应的电压大小相等，相位相反，故无输出电压。

当转子向一侧转动时，一个次级线圈的磁阻将减小，使其与初级线圈耦合的互感系数增加，于是该次级线圈的感应电压增大。而另一个次级线圈的变化情况则与其正好相反，这样传感器便有电压 ΔU 输出。输出电压的大小在一定范围内与转子的角位移成线性关系。

传感器输出的电压是交流，故不能给出转子的转向。经过放大和相位调解，则可得到正、负极性的直流输出电压，从而给出转子的转向。

2.4 电阻应变式传感器

电阻应变式传感器，其工作原理是基于导体的电阻应变效应，即导体在外力的作用下发生变形时，其电阻值发生变化。它是目前在拌和设备中采用电子秤来计量骨料、粉料和沥青应用最多的一种称重传感器。其测量原理如图 4-1-14 所示。

其中电阻 R_1、R_2、R_3、R_4 组成四个桥臂，A、C 端接直流电源 U_0，称为供桥端，B、D 端称为输出端。

当电桥输出端接上输入阻抗较大的仪表或放大器时，可以认为电桥输出端相当于开路，电流输出为零，根据欧姆定律，桥路电流为：

$$I_1=\frac{1}{R_1+R_2}U_0 \qquad I_2=\frac{1}{R_3+R_4}U_0$$

则 A、B 间的电位差为：

$$U_{AB}=I_1R_1=\frac{R_1}{R_1+R_2}U_0$$

则 A、D 间的电位差为：

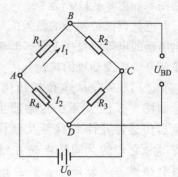

图 4-1-14 直流电桥

$$U_{AD} = I_2 R_4 = \frac{R_4}{R_3 + R_4} U_0$$

这时，电桥的输出电压为：

$$U_{BD} = U_{AB} - U_{AD} = \left(\frac{R_1}{R_1 + R_2} - \frac{R_4}{R_3 + R_4} \right) U_0 = \frac{R_1 R_3 - R_2 R_4}{(R_1 + R_2)(R_3 + R_4)} U_0$$

因此，如果要使电桥输出电压为零，即电桥平衡，应满足：

$$R_1 R_3 = R_2 R_4$$

这个条件称为电桥平衡条件，上式说明：如果适当选择各桥臂电阻值，可使输出电压只与被测量引起的电阻变化有关。

2.4.1　电阻应变式称重传感器

该传感器是由弹性元件、应变片和测量电桥组成。在测试时弹性元件受拉力或压力的作用而测试应变，贴于其表面的应变片将弹性元件的应变转化为电阻的变化，然后经电桥电路转变为电压信号输出。其基本测量电路有半桥式、全桥式，电路如图 4-1-15 所示。

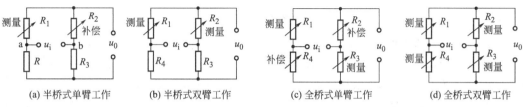

(a) 半桥式单臂工作　　(b) 半桥式双臂工作　　(c) 全桥式单臂工作　　(d) 全桥式双臂工作

图 4-1-15　基本测量电路

在拌和设备中，计量材料的电子传动带秤通常是将多个称重传感器组合在一起使用，连接的方法有串联和并联两种形式。

（1）传感器串联连接　如图 4-1-16 所示，是将各个电桥的输出串联起来，而电桥的输入端则各自分别连接。这种连接方法可以提高信号的电平。如果各个传感器的规格性能相同，则串联后的输出电压为：

$$\Delta V_0 = \frac{W_g}{W_D N} V_D$$

式中　W_g——荷重。

W_D——单个传感器的额定负荷。

V_D——单个传感器的额定输出电压。

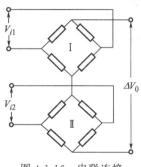

图 4-1-16　串联连接

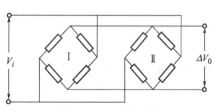

图 4-1-17　并联连接

（2）传感器并联连接　如图 4-1-17 所示，这种接法是将各个电桥的输入端并联起来，作为总的输入端，将所有的输出端并联起来，作为总的输出端。这样可以分散每个传感器的负荷，延长使用寿命。并联连接时总的输出电压为：

$$\Delta V_0 = \frac{W_g}{W_D N} V_D$$

式中　N——传感器的个数。

2.4.2　液压油压力传感器

该传感器电路图示如图 4-1-18 所示，它是把液压回路的压力变换成电压，并把模拟信号输送给控制器的传感器。

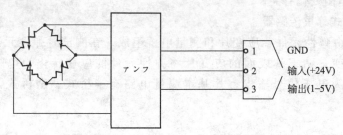

图 4-1-18　液压油压力传感器电路

从压力导入管进来的液压被加压至压力检测器的膜片部后，膜片部发生弯曲、变形。该膜片部的反向面由应变片形成桥，把膜片弯曲由应变片的阻值转换为电桥输出电压，并送至电压增幅器（放大器）。再用电压放大器增大电压输出至控制器。

2.5　其他类型的传感器

压力传感器类似于压敏电阻，随压力升高电阻升高。如果将传感线搭铁，仪表将显示最小读数。如果将传感线悬空，仪表将显示满量程。

燃油油位传感器安装在油箱侧面，根据油的剩余量浮子升降，浮子的动作通过臂使可变电阻作动，如图 4-1-19、图 4-1-20 所示。

图 4-1-19　燃油油位传感器实物图

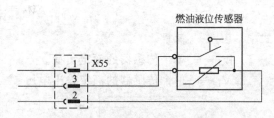

图 4-1-20　燃油油位传感器电路图

油位上升，其阻值减小。如果将传感线搭铁，仪表将显示满量程。如果将传感线悬空，仪表将显示最小读数。

工作情境设置

传感器的检测与校核

当工程机械作业时，仪表盘上的仪表出现故障时，则首先应排除电路中传感器的故障。

一、工作任务要求

1. 能判断水温传感器故障，并校核其好坏。
2. 能判断转速传感器故障，并会安装、检测。
3. 能判断燃油位置传感器的故障，并会检测。

二、器材

水温传感器、转速传感器、燃油位置传感器、万用表、导线及相应的仪表、蓄电池、开关、温度计等。

三、完成步骤

1. 水温传感器的检测

① 常温时，用万用表测量水温传感器两输出端的阻值，并记录。

② 将水温传感器置于不同温度的水中，并保持3min后，测量两输出端的阻值，判断传感器的好坏。

通常传感器置于不同温度的水中时，两输出端的阻值应不相同。若温度变化时，所测的阻值无变化，则传感器有故障，需更换。

③ 将传感器与标准水温表按图4-1-21连接，校核传感器的精度。

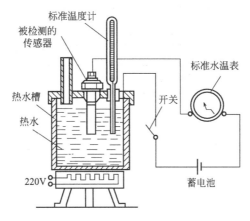

图4-1-21　水温传感器检测

a. 合上开关，将水槽中的水分别加热至40℃和100℃，保持3min，若标准水温表与标准温度计的指示值相同，则传感器良好。

b. 检测传感器的热敏电阻值是否符合规定，判断其好坏。（如日产水温传感器，$T=20℃$ 时，$R=2\sim3k\Omega$；$T=40℃$ 时，$R=0.9\sim1.3k\Omega$；$T=60℃$ 时，$R=0.4\sim0.7k\Omega$。）

2. 转速传感器的检测

① 将传感器正确安装后，启动发动机，用万用表交流挡测传感器两输出端的端电压。

若有电压值，且电压随发动机的转速增加而增加，则传感器良好；若无电压，则传感器有故障，需更换。

② 检测发动机转速在 $1000\sim2270r/min$ 时，转速传感器输出的交流电压值。通常电压值为 $3\sim28V$ 为合适，否则调整传感器前端与齿轮之间的间隙。

3. 燃油量传感器的检测

① 转动浮子于不同的位置，检测传感器两端子的阻值，看其是否变化；不同位置时，传感器输出的阻值应不同；若不同位置所测的阻值为零或无穷，则传感器有故障，需更换。

② 将传感器与标准燃油表按图 4-1-22 连接，校核传感器的精度。

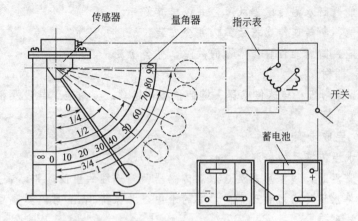

图 4-1-22　燃油量传感器的检测

指示表为标准指示表，浮子臂处于 31°和 89°时，表针应指在 0 和 1 的位置上。若有误，则传感器工作不良，需更换。

4. 就车识别工程机械上各种传感器的具体安装位置，并能熟练拆装，且正确接线。

传感器检测记录表

名　称	测试任务	测量值		结果分析
冷却液温度传感器 （水温传感器）	阻值	$R=$		
	不同温度的阻值	$t_1=$	$R_1=$	
		$t_2=$	$R_2=$	
		$t_3=$	$R_3=$	
	温度计与水温表的读数	$t_{1温}=$	$t_{1表}=$	
		$t_{2温}=$	$t_{2表}=$	
		$t_{3温}=$	$t_{3表}=$	
转速传感器	输出电压	怠速时	$U=$	
		$N_1=$	$U=$	
		$N_2=$	$U=$	
		$N_3=$	$U=$	
燃油位置传感器	输出电阻值	$R_1=$		
		$R_2=$		
		$R_3=$		

习题

1. 传感器按测量分可分为哪几种？

2. 什么是温度传感器？通常有哪几种类型？各有什么特点？

3. 如何安装转速传感器？且如何判断其性能的好坏？

4. 根据图 4-1-3 电路分析差动变压器的工作过程。

5. 根据图 4-1-14 分析电桥平衡的条件。

6. 什么是电阻应变效应？

7. 电子传动带秤中的称重传感器连接方式有哪几种？各有什么特点？

8. 如何检测燃油传感器的好坏？

任务 2　仪表的检测

【先导案例】

　　工程机械仪表主要有电压表、水温表、燃油表、机油压力表、液压油压力表、发动机转速表、小时器等，其类型有指针式、电子显示组合式，即 CPU 控制的组合仪表盘（I-ECU）。当仪表显示数值出现故障时，除检测相应的传感器外，还需对其仪表、显示器、CPU 等进行检测，那么如何判断其好坏？

1　水温表

　　水温表又称冷却液温度表，用来显示工程机械柴油发动机冷却液的工作温度，以便了解发动机的热状态。若发动机过热，则易导致早燃、拉缸和机件变形磨损等故障，因此必须通过强制循环的冷却液来带走机体上过量的热量。通常保证发动机正常运行的冷却液温度为 80~90℃。

　　水温表是监视冷却液温度的指示仪表，主要由装在仪表盘上的水温指示表和装在发动机气缸盖水套上的水温传感器两部分组成，其结构及工作原理如下。

1.1　双金属电热式水温表

　　双金属电热式水温表如图 4-2-1 所示。它由双金属电热式的指示器和传感器两个部件组成，并用导线连接。其中传感器是一个密封的圆柱体套筒，内置双金属片 2，其上绕有加热绕组，绕组的一端接双金属 2 的触点，另一端与接触片 3 连接，且固定触点 1 通过套筒搭铁，其中双金属 2 对触点具有一定的预压力。当开关闭合后，水温表显示数值，且电流回路为：

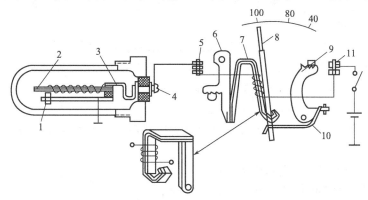

图 4-2-1　双金属电热式水温表结构图

1—固定触点；2,7—双金属片；3—接触片；4,5,11—接线柱；6,9—调节齿扇；8—指针；10—弹簧片

蓄电池"＋"→接线柱 11→双金属片 7 上的电热丝→接线柱 5、4→接触片 3→双金属

片 2 上的电热丝→搭铁 "—"。

当发动机冷却液温度较低时，双金属片 2 变形小，触点 1 压力大，触点闭合时间较长，且触点断开后，金属片很快冷却，使触点断开的时间短，因此电路中产生脉动电流（脉动频率常在 120～130 次/min），但电路平均电流较大，指示表中的双金属片 7 加热较大，且变形较大，使指针指向低温。

当发动机冷却液温度增高时，双金属片 2 变形大，触点 1 压力减弱，通过较小的电流即足以使触点分离，使触点闭合的时间减小，电流的脉冲频率相应减少，电路的平均电流较小，导致指示器中的双金属片 7 的加热很小，变形小，使指针指向高温。

1.2 电磁式水温表

电磁式水温表如图 4-2-2 所示。它的传感器是由阻值随着温度变化的热敏电阻制成，且安装在气缸盖水套中。其阻值在温度为 43℃时变动于 102～112Ω 之间。

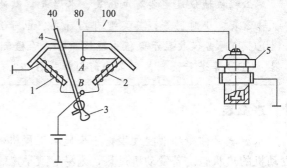

图 4-2-2 电磁式水温表
1—左线圈；2—右线圈；3—软钢转子；
4—指针；5—热敏电阻

电磁式水温指示表内有左右两个铁芯，并分别绕有左右线圈 1、2，其中左线圈 1 的一端通过端子 B 与电源连接，另一端与表壳搭铁；右线圈 2 的一端接电源，另一端经接线端子 A 和传感器 5 串联后并搭铁。两线圈之间的软钢转子 3 上连有指针 4，在两线圈合磁力的作用下，发生偏转。

当电源电压不变时，左线圈电流不变，其形成的磁场相对稳定。而右线圈电流的大小则决定于传感器的阻值。传感器为负温度系数的热敏电阻，其阻值取决于周围冷却液的温度。当冷却液温度较低时，该电阻很大，右线圈的电流较小，磁场弱，合磁场主要取决于左线圈，此时指针停在刻度盘上低温区域。当冷却液温度升高时，传感器阻值减小，右线圈电流增加，磁场加强，合磁场向顺时针方向偏移，指针也同时偏转，示值向高温区转移。

1.3 水温表的检测

水温表在使用中常见的故障现象通常有：指针完全不动、示值不准确、指针扭曲和卡滞、指针跳动等，其原因有以下几点：

（1）柴油发动机的故障　如柴油发动机冷却液水套因水垢阻塞而造成过热；或因柴油发动机散热器管道阻塞或渗漏；风扇传动带折断或过松和滑转，致使水泵流量和压力降低、节温器调节失控等，都会使水温表示值失准或因过热而使水温表遭受冲击而失效，或使指针常指在高温量限值而不能回复至低温起始点。

（2）电气连接线路　如接线松动，致使电路时通时断，指针跳动或摆动；接线绝缘损坏，造成短路致指示器或传感器被烧坏。

检测水温表的指示器是否损坏的方法：

① 将水温传感器上的接线或指示器的出线拆下。

② 在接通电路情况下，使指示器的出线端与气缸体作瞬时搭铁。

③ 若水温表指针偏转或指针指向高温区读数（100℃以上，如电磁式水温表），说明故障不在水温表指示器而在传感器。

④ 若指针不动，则水温表指示器故障，应立即更换和修理。

注意：作此检测时，切不可使搭铁时间过长，以免损伤或烧毁指示器。

2　燃油表

工程机械车辆用的汽油表和柴油表统称燃油表，用来指示燃油箱内燃油的存储量。车辆运行对燃油存量的测试很重要，如果测试失准和估计不足，有可能使工程机械车辆在中途抛锚，不能正常作业。

现代工程机械所用的燃油表通常为电气式，是由位于仪表盘上的指示器和安装在油箱中的传感器两部分组成。燃油指示器一般为电磁式或双金属电热式，传感器为可变电阻式。

2.1　双金属电热式燃油表

双金属电热式燃油表结构和电路示意图如图 4-2-3 所示。是由双金属电热式指示器和可变电阻式传感器组成。

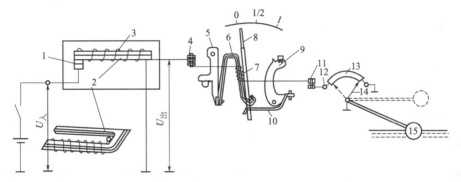

图 4-2-3　双金属电热式燃油表

1—触点；2,6—双金属片；3,7—加热线圈；4,11,12—接线柱；5,9—调节齿扇；8,10—指针；
13—可变电阻；14—滑片；15—浮子

传感器中的浮子 15 随燃油的增加而上升，同时滑片 14 随燃油的增加由可变电阻 13 的最右端滑向最左端。

表内绕在双金属片 6 上的加热线圈 7 与可变电阻 13 串联，且双金属片 2、加热线圈 3 及触点 1 构成稳压器，保证输出电压恒定。

当油箱内无油时，滑片 14 位于可变电阻 13 的最右端，电路中串入的电阻最大，电流最小，加热线圈 7 产生的热量较小，双金属片 6 变形小，使指针 8 指在"0"处。

当油箱内燃油增加时，浮子上浮，使滑片左移，电路中串入的电阻逐渐减小，电流增加，双金属片 6 变形大，使指针 8 向右偏转，指示高油位。当油箱满油时，指针指在"1"处。

2.2　电磁式燃油表

电磁式燃油表结构和电路示意图如图 4-2-4 所示。

在该电路中，传感器的可变电阻 5 与电磁线圈 2 并联后，再与电磁线圈 1 串联。

当油箱无油时，浮子 7 下降，滑片 6 移向最右端，使可变电阻 5 被甩出，且电磁线圈 2 被短接而无电流，指针在电磁线圈 1 磁力线的作用下，向左偏转，指向低油位。

当油箱的油位逐渐增加时，浮子上升，滑片 6 向左移动，可变电阻接入电路中，通过电磁线圈 2 的电流逐渐增加，指针在电磁线圈 1、2 合磁力的作用下逐渐向右偏转，指向高油位。

当油箱充满燃油时，浮子上升到最高点，滑片移向最左端，可变电阻 6 完全接入电路中，电磁线圈 2 电流最大，指针指向"满"的位子。

传感器的可变电阻末端搭铁，可避免滑片 6 与可变电阻接触不良时产生火花。

2.3 燃油表常见的故障及原因

燃油表常见的故障有：指针示值失准、常停在"0"或"1"的位置、指针扭曲、卡住、异常摆动或跳动等，其原因：

① 连接导线断路、接线处松动，以致电路无电流或接触不良，造成仪表不工作或指示不准、异常摆动。

② 导线破损短路，使仪表线圈烧断而损坏。

③ 传感器滑片弹性变形、可变电阻磨损使指针示值失准。

检测燃油表指示器的方法与水温表相同。

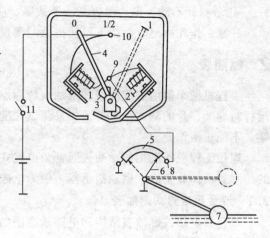

图 4-2-4　电磁式燃油表
1,2—电磁线圈；3—转子；4—指针；
5—可变电阻；6—滑片；7—浮子；
8,9,10—接线柱；11—电锁开关

3　机油压力表

机油压力表又称油压表，用来指示柴油发动机机油的工作压力。若机油压力的减小或消失，则说明柴油发动机润滑系统出现了故障，应引起操作人员的注意，及时采取措施，予以故障诊断和排除。

导致机油压力的减小或消失的原因通常为：机油泵的工作失效；滤清器或管道被污染阻塞；油管破裂；曲轴或连杆瓦烧蚀或磨损过多，以致间隙过大等。

工程机械常用机油压力表为电气式，是由安装在仪表盘上的油压指示器和主油道或机油粗滤器上传感器两部分组成，其具体结构分为：

① 指示器和传感器都是用双金属电热式。

② 指示器用双金属热式，传感器是用可变电阻式。

③ 指示器用电磁式，传感器用可变电阻式。

3.1 指示器和传感器都是用双金属电热式的机油压力表

该机油压力表的结构和电路示意图如图 4-2-5 所示，其中传感器的内腔 1 与发动机润滑系统的主油道相通，膜片 2 的中心顶着弹簧片 3，使触点具有一定的预压力。在电路中，指示器内的双金属片 11 上的线圈与传感器内的双金属片 4 上的线圈串联，且通过触点搭铁。

当电锁闭合，接通机油表电路时，则两线圈通过触点形成闭合回路。由于两线圈有电流，使双金属片受热变形。

当柴油发动机未经启动或机油压力较低时，传感器内的膜片 2 几乎不变形，触点压力很小，其内部的电热线圈一旦有电流通过，温度略有上升使双金属片 4 变形，触点断开导致电路断路。经过一段时间间隔后，双金属片冷却伸直，触点又重新闭合使电路接通，如此循环往复。其中触点开闭次数为 5～20 次/min。在此过程中，触点断开的时间较长，闭合的时

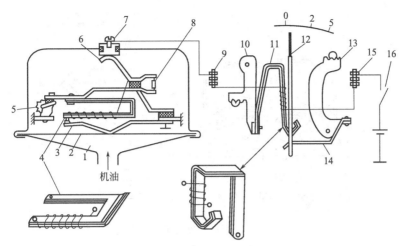

图 4-2-5　双金属式油压指示器与双金属式传感器

1—油腔；2—膜片；3,14—弹簧片；4,11—双金属片；5,10,13—调节齿扇；6—接触片；

7,9,15—接线柱；8—校正电阻；12—指针；16—电锁

间较短，则通过电路中的平均电流较小，指示器内的双金属片 11 变形小，指针 12 不指示或指示较低的机油压力值。

当柴油发动机机油压力升高时，传感器内膜片 2 的中心部分受油压力向上拱曲，触点的压力增大，双金属片向上弯曲程度增加，使它与触点分开所需的极限温度相应增高，通电的时间相应较长。即在此过程中，触点闭合的时间较长，断开的时间较短，则通过电路中的平均电流较大，指示器内的双金属片 11 变形大，指针 12 向右偏转角度较大，指示较高的机油压力值。

随着柴油发动机的继续运转，机油的温度也随之增高，增高的热量必然将传导给传感器中的双金属片 4，引起附加温度的附加变形，这对正确指示机油的实际压力值是不利的。因此，在仪表传感器结构中，设有因附加温度产生附加变形的补偿器，即双金属片 4 制成"Ⅱ"形，其中双金属片上绕有加热线圈的一边称为工作臂，另一边称为补偿边。温度变化时工作臂产生的附加变形，被补偿臂的相应变形所补偿，使油压指示值保持不变。

综上所述，在传感器中双金属片下触点的通断，是由触点间压力来决定的，相当于膜片 2 下面有一定的机油压力。当双金属片被电流加热时，只有在它的工作臂和补偿臂两者温度差变得足够大时，才发生触点的分开。这温度差通常被称为临界温度差。机油压力越高，触点间的压力越大，因而临界温度差越大，指示器中指针从"0"位偏移的角度也越大，示值便越高。

3.2　指示器是电磁式、传感器是可变电阻式的机油压力表

该机油压力表的结构和电路示意图如图 4-2-6 所示，其中可变电阻式的传感器中，主要零件为波形薄膜 8。其下腔通过管接头 9 与润滑系统的主油道相通，当机油被压进入薄膜 8 下面的空间后，使薄膜中央受压向上凸起，顶杆 7（其另一端被固定）上升，并通过顶块 a、杠杆 3、使滑杆臂 4 的位置上升。因滑杆臂 4 的上下移动，使可变电阻 5 被隔出或接入电路中，改变电路电流的大小。

指示器为电磁式结构。主要是由两个带有铁芯的线圈组成，且每个线圈一端通过接线柱 B 与电源连接。其中左线圈的另一端与表壳搭铁，右线圈的另一端通过接线柱 A 与传感器

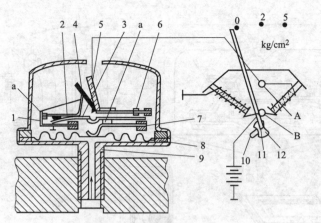

图 4-2-6　电磁式油压指示器与可变电阻式传感器

1—弹簧；2,4—滑杆；3—杠杆；5—可变电阻；6—调整螺钉；7—顶杆；8—膜片；9—管接头；10—平衡块；

11—指针；12—转子；a—顶块；A,B—接线柱

内的可变电阻串联连接。当电流通过两个线圈时，它们都产生磁场，并在合磁场的作用下，使转子 12 偏转，并在转轴上固定有指针 11 和平衡块 10。

当工程机械工作电压不变时，通过指示器内左线圈电流的大小不变，而通过右线圈电流的大小则取决定于传感器中可变电阻滑杆 4 接触臂的位置。

当机油压力较低时，波形膜片 8 变形小，滑杆 4 位于可变电阻最下端，可变电阻全部接入电路，通过右线圈的电流较小，它所产生的电磁力较小，则合成磁场决定于左线圈的磁场，转子在合磁力的作用下沿顺时针方向略有偏斜，指针位于标度盘"0"点附近。

当机油压力升高时，波形膜片 8 变形向上拱曲，滑杆 4 上移，使串入右线圈的电阻减小，电流增加，产生的电磁力增大，则合磁场增大，使指针向示值较大的右方偏移。当滑杆 4 上移到可变电阻的最上端时，可变电阻隔出电路，右线圈电流最大，指针偏转最右端，油压指示最大值。

3.3　机油压力表的检测

机油压力表在工程机械作业时的常见故障现象有：指针扭曲或卡住；指针转动不匀或跳动；柴油发动机在正常转速和温度下，指针常在低压示处；电源开关接通后，或在任何情况下，指针均在高压示处等，其原因有以下几点。

(1) 因柴油发动机本身故障引起的，如：

① 机油泵主、被动齿轮因磨损而间隙增大，端隙增大、轴向间隙增大；叶片泵的叶片磨损、限压阀调节失准。

② 机油滤清器或管路污染阻塞或渗漏、机油量不足而液面过低。

③ 机油黏度降低、柴油发动机曲轴、连杆轴颈、轴瓦因磨损而间隙增大等都能造成供油压力降低，使机油压力表示值过低或跳动。

(2) 因连接导线短路，使指示器或传感器在大电流超负荷下工作而遭受损坏，导致不指示。

(3) 因机油压力表本身的故障引起的，如：

① 绝缘层的损坏造成搭铁以致线圈烧毁，导致不指示。

② 触点氧化或可变电阻磨损，导致指示不准。

③ 供电电路电压调节失准，致使其受大电流超载的冲击。

④ 连接接线柱氧化，电阻增大或接线松动等，都将造成指示失准，指针摆动、跳动、甚至失效。

检测机油压力表指示器是否损坏的方法与水温表相同。除通电的方式外，可用万用表的欧姆挡测量表内相应线圈的阻值，通过其通断判断指示器好坏。

4　电压表

电压表用来显示工程机械电源系统的工作电压。它不仅能显示交流发电机和调节器的工作状况，同时还能显示铅蓄电池的技术状况，比电源系统中的充电指示灯更为直观和实用。

通常电压表与铅蓄电池、交流发电机和用电设备并联，并由电源开关控制。其电路接线如图 4-2-7 所示。

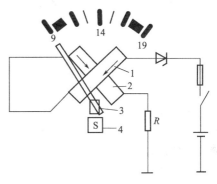

图 4-2-7　电压表
1,2—线圈；3—带指针的转子；4—永久磁铁

其结构是由两只十字交叉的电磁线圈、永久磁铁、转子、指针和刻度盘组成。两只线圈相互串联，在电路中又串有一个稳压二极管和限流电阻。当电源电压达到一定数值时，稳压二极管反向击穿，将电压表电路接通。其工作原理为：

当电源开关未断开时，电压表无电压，两线圈无电流，使指针指向最小刻度。

电源开关闭合后，且电源电压高于稳压管反向击穿电压时，稳压管击穿导通，两线圈中便有电流通过，产生形成合成磁场，该合成磁场与永久磁铁的磁场相互作用，使转子带动指针偏转。电源电压越高，通过线圈的电流越大，其磁场越强，因此指针的偏转角度越大，电压表指示的电压越高。

注意：

① 当发动机未启动时，若电源开关闭合，电压表即可显示铅蓄电池的端电压。对使用 24V 电源系统的工程机械，电压值一般为 23.5～24.8V 则正常；若启动时电压表显示电压过低，则为铅蓄电池亏电或有故障。

② 当发动机启动后，交流发电机以正常转速运转时，电压表应显示在 25.5～27.5V 的规定范围内。若启动前后，电压表读数不变，则说明交流发电机不发电；如启动后电压表指示值不在规定范围内，则说明调节器调整不当或损坏。

5　发动机转速表

为检查、调整、监视发动机的工作状况，更好地掌握换挡时机，工程机械仪表盘上还装用发动机转速表。其中柴油机用的电子转速表电路如图 4-2-8 所示。

该转速表是由安装在飞轮壳上的转速传感器（见图 4-2-9）和仪表盘上的转速表头或显示器等组成。其中传感器为电磁感应式（变阻式），由永久磁铁 3、感应线圈 6、心轴 5 和外壳 2 等组成。曲轴转动时，飞轮齿圈的齿顶和齿底不断地通过心轴，使空气间隙的大小、通过线圈的磁通量发生周期性变化，于是感应线圈便感应出交变电动势。

该电动势作为电子转速表电路的输入信号，经电阻 R_9、D_1 及晶体管 T_1 等整形、放大，输出一近似矩形波，再经过电容器 C_2、电阻 R_8、R_4、R_3 微分电路后，通过晶体管 T_2 放大

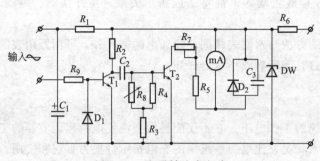

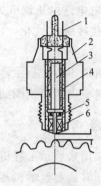

图 4-2-8　电子转速表电路

图 4-2-9　电磁感应式转速传感器
1—接线片；2—外壳；3—永久磁铁；
4—连接线；5—心轴；6—感应线圈

后输出具有一定幅度和宽度的矩形波，驱动毫安表，且通过毫安表的平均电流与发动机的转速成正比。

由于输入信号的频率与通过心轴的飞轮齿圈的齿数成正比，信号的频率和幅值与发动机转速成正比。转速越高，频率越快、电动势的幅值越大，通过毫安表的平均电流越大，指针的摆动角度越大，指示的转速越高。

工程机械仪表除上述仪表外，还有小时器，显示发动机工作时间。当发动机启动后，该表则开始累加计时，其时间的多少可作为工程机械维护保养的依据。对于轮式机械，仪表盘上还装有车速里程表，显示机械行驶的速度和累计行驶里程。

6　电子显示组合仪表

电子显示组合仪表主要由传感器、计算机及显示器组成。计算机通过传感器接收信号，并将信号进行处理、分析后，通过显示器显示数据，使操作人员了解燃油量、冷却液温度、电源供电电压、发动机转速等。以 VOLVO 液压挖掘机为例，其仪表显示器实物如图 4-2-10 所示。

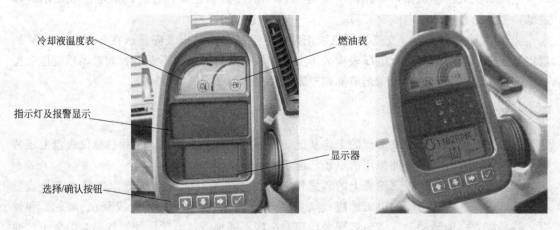

图 4-2-10　仪表显示器

（1）冷却液温度表　该信号来自发动机气缸盖水套上的冷却液温度（水温）传感器（负温度系数的热敏电阻）。当发动机冷却液温度发生变化时，水温传感器的电阻值随之变化，使其输出端电压发生变化。计算机检测到该电压后,与参考电压进行比较,使显示器显示出冷却液的温度区域。

当发动机正常工作时,冷却液的温度在绿色区域内。若在红色区域内,则表明发动机过热,同时显示器上发动机冷却液温度报警指示灯(见图 4-2-11)点亮。

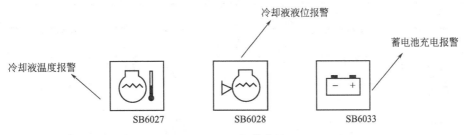

图 4-2-11　报警符号

(2)燃油表　该信号来自燃油液位传感器。其检测电压随浮子的升降而发生变化,计算机将该电压与参考电压比较后,使显示器显示出燃油的油量区域。

当燃油油位最高时,显示在绿色区域的最大处;但燃油油位低于一定值时,燃油报警指示灯点亮,提醒操作人员注意;当燃油油位显示在红色区域时,则可能导致发动机因燃油不足而熄火。

(3)电压及发动机转速表　当电锁置于"OFF"位置时,显示器不显示;当电锁置于"ON"位置时,仪表显示数值,显示器开启,所有报警指示灯点亮的同时,伴随蜂鸣器响;3s 后,除蓄电池充电报警指示灯、发动机机油压力报警指示灯亮之外,其他所有报警指示灯熄灭,且蜂鸣器停响。

当发动机未启动时,按选择/确认按钮,显示器显示蓄电池电压。发动机启动后,按选择/确认按钮,即可显示电源系中发电机供电电压和发动机转速。其中电子显示组合仪表显示的报警符号标识图如图 4-2-12 所示,各序号所指符号的意义见表 4-2-1。

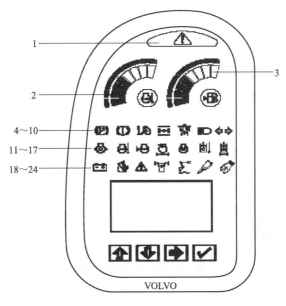

图 4-2-12　电子显示组合仪表

表 4-2-1　电子显示组合仪表报警符号名称

序号	符号	名称	序号	符号	名称
1	SB6013	中央警示灯	13	SB6028	冷却液液面报警指示灯
2	SB6017	发动机冷却液温度表	14	SB6029	空气滤清器堵塞报警指示灯
3	SB6018	燃油油位表	15	SB6030	空气预热指示灯
4	SB6019	停车制动指示灯	16	SB6031	液压油温报警指示灯
5	SB6020	制动油压报警指示灯	17	SB6032	液压油过滤器堵塞指示灯
6	SB6021	转向压力过低指示灯	18	SB6033	蓄电池充电报警指示灯
7	SB6022	车桥锁定指示灯	19	SB6034	快换接头指示灯(可选件)
8	SB6023	对准指示灯	20	SB6039	过载报警指示灯
9	SB6024	工作灯指示灯	21	SB6040	加力指示灯
10	SB6025	左/右转弯信号指示灯	22	SB6041	浮动阀系统指示灯
11	SB6026	发动机机油压力报警指示灯	23	SB6036	液压破碎锤指示灯
12	SB6027	发动机冷却液温度报警指示灯	24	SB6042	液压剪选择指示器

工作情境设置

仪表指示器的检测与校核

　　工程机械作业时，若仪表盘上的仪表出现故障，排除电路中传感器的故障外，还需对指示器进行检测，判断其好坏，并对其准确度进行校核。

一、工作任务要求

1. 能判断、检测电热式指示器的故障原因，并校核其好坏。

2. 能判断、检测电磁式指示器的故障原因，并校核其好坏。

二、器材

电热式指示器（冷却液温度、燃油或油压）、电磁式指示器、相应的传感器、万用表、导线、蓄电池、开关、温度计等。

三、完成步骤

1. 电热式指示器的检测

（1）通电检测　给指示器的任一接线柱串一电阻，并按其额定电压值接通电路，观察指示器的指针是否偏转。若指针偏转，则指示器正常；若指针不偏转，则指示器有故障，需更换。

（2）不通电检测　用万用表欧姆挡检测连接线柱之间的阻值，若电阻为无穷，则指示器内绕在双金属片上的加热线圈断路，指示器不工作，需更换。

2. 电磁式指示器的检测

（1）通电检测　给指示器的两接线柱接额定直流电压，观察指示器的指针是否偏转。若指针偏转，则指示器正常；若指针不偏转，则指示器有故障，需更换。

注意接线时两接线柱的正负。

（2）不通电检测　用万用表欧姆挡测两接线柱之间、进线接线柱与搭铁线（外壳）之间的阻值，若电阻为无穷，则指示器电磁线圈断路，指示器不指示或指示最大，需更换。

3. 指示器的校核

通常用标准仪表校核传感器，用标准的传感器来校核仪表，并将结果填入表 4-2-2 中。

表 4-2-2　指示器检测记录表

名　称	测试任务	检测结果		结果分析
电热式指示器	通电检测			
	加热线圈阻值	$R=$		
电磁式指示器	通电检测			
	两接线柱之间的阻值	$R_1=$		
	接线柱与外壳之间的阻值	$R_2=$		
水温表的校核	温度计显示值		偏差＝	
	水温表显示值			
燃油表的校核	浮子臂为 31°时读数		偏差＝	
	浮子臂为 89°时读数		偏差＝	

（1）水温表的校核　在图 4-2-13 所示的电路接线中，用标准水温传感器代替被测传感器，用所要校核的水温表代替标准水温表，校核水温表的指示精度。

合上开关，将水槽中的水分别加热至 40℃和 100℃，保持 3min，若所测水温表与标准温度计的指示值相同，则水温表偏差为零；若指示值不同，则有偏差。

（2）燃油表的校核　在图 4-2-14 所示的电路接线中，传感器用标准的燃油量传感器，指示表用所校核的燃油量表，其精度的校核如下：转动浮子臂于 31°角度时，燃油量表应指示在"0"位置上；转动浮子臂于 89°角度时，表针应指在"1"的位置上。若有误，则说明仪表有偏差。

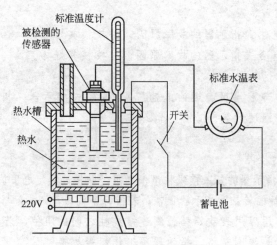

图 4-2-13　水温表的校核

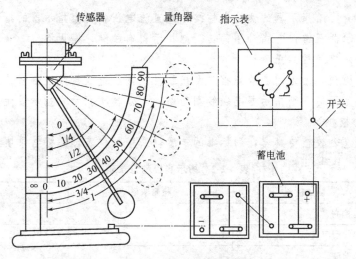

图 4-2-14　燃油表的校核

4. 就车识别工程机械上各种仪表的具体安装位置，并能熟练拆装，且正确接线。

■ 习 题

1. 画出图 4-2-1 双金属电热式水温表的等效电路，并分析其工作原理。

2. 若图 4-2-1 双金属电热式水温表电路中的任一加热线圈断路，会导致什么故障现象？

3. 画出图 4-2-2 电磁式水温表的等效电路，并分析其工作原理。

4. 若图 4-2-2 电磁式水温表电路中的水温传感器有水、左线圈搭铁不良，会导致什么故障现象？

5. 画出图 4-2-3 双金属电热式燃油表的等效电路，并分析其工作原理。

6. 若图 4-2-3 双金属电热式燃油表电路中的滑片搭铁不良，会导致什么故障现象？

7. 画出图 4-2-4 电磁式燃油表的等效电路，并分析其工作原理。

8. 若图 4-2-4 电磁式燃油表电路中，线圈 8 断路，会导致什么故障现象？

9. 画出图 4-2-5 双金属式油压指示器的等效电路，并分析其工作原理。

10. 若图 4-2-5 双金属式油压指示器电路中，弹簧片 3 变形，会导致什么故障现象？

11. 画出图 4-2-6 电磁式油压表的等效电路，并分析其工作原理。

12. 若图 4-2-6 电磁式油压表电路中，顶块 a 磨损严重，会导致什么故障现象？

13. 试说明电子显示组合仪表中，水温表、燃油表、报警装置的工作状态。

任务 3　报警电路的分析与检测

【先导案例】

　　为保证工程机械行车、作业安全，仪表盘上除安装仪表外，还装有报警指示灯。如：冷却液温度报警、油位报警、油压报警、倒车报警、蓄电池放电报警等，且报警电路一般由报警装置（传感器）和相应颜色的警告灯组成。当仪表的显示数值为报警值，但相应的警告灯不亮；或工程机械工作于某一方式，相应的指示灯不显示时，都需对其相应的报警电路进行检测，判断警告灯、传感器的好坏及连接线路的通断。

1　冷却液温度报警电路

　　当发动机冷却液温度上升到一定值时，警告灯自动点亮，以示警告。其报警电路如图 4-3-1 所示。

　　传感器的外形呈圆柱形，安装在气缸盖的水套中。其内双金属片 2 一端的动触点通过静触点 4 搭铁形成回路，另一端被固定与壳体绝缘。

　　当冷却液温度低于临界温度时，双金属片的触点保持分离状态，警告灯不亮。随着温度升高，当冷却液温度高于临界温度时，双金属片受热变形向下弯曲程度变大，使触点闭合，将警告灯电路接通，警告灯便点亮，提醒操作人员注意。

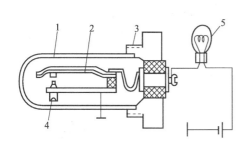
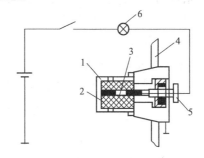

图 4-3-1　冷却液温度报警电路
1—外壳；2—双金属片；3—螺纹接头；
4—静触点；5—警告灯

图 4-3-2　燃油油量报警电路
1—外壳；2—防爆用金属网；3—热敏电阻；
4—油箱外壳；5—接线柱；6—警告灯

　　通常传感器的临界温度为：95～98℃。当冷却液温度达临界温度时，警告灯不亮，则可能出现的故障：

　　① 警告灯坏或发光二极管断路，用万用表的欧姆挡检测其通断。

　　② 电路中的连接导线断路或松动，用万用表的欧姆挡检测其通断。

　　③ 传感器内触点接触不良。将传感器置于 100℃ 的水中，检测其接线端子与外壳的通断，若断路，则说明传感器存在故障，需更换。

2　燃油油量报警电路

　　当燃油箱内的燃油减少到一定值时（通常油箱内浮子高度低于 360～400mm），燃油量报警指示灯点亮，以引起操作人员的注意，其报警电路如图 4-3-2 所示。

该电路是由负温度系数的热敏电阻式燃油量报警传感器和警告灯组成。其工作过程如下：

当燃油较多时，传感器的热敏电阻元件浸没在燃油中，散热快，温度较低，电阻值较大，电路中的电流较小，警告灯不亮。

当燃油减少到规定值以下时，热敏电阻元件露出油面，散热慢，温度升高，电阻值减小，电路中的电流增大，警告灯点亮以示警告。

当燃油表指示低于规定值而燃油警告灯不亮时，则需检测指示灯、线路的通断及传感器热敏电阻的好坏。通常将传感器置于不同温度的水中，检测其接线柱与外壳之间的阻值是否变化。

3 机油压力报警电路

当发动机机油压力低于允许值（通常为 0.05～0.09MPa）时，仪表盘上的机油压力警告灯点亮，以提醒操作人员立即添加机油或排除故障。机油压力报警装置一般装在主油道上，分弹簧管式和膜片式两种。

3.1 弹簧管式机油压力报警电路

其报警电路如图 4-3-3 所示。

该传感器为盒式，内有一弹簧管，其一端与主油道管接头相接，另一端与动触点相连，且静触点通过接触片与接线柱相连。其工作过程为：

当主油道机油压力低于允许值时，弹簧管变形小，触点保持闭合，电路接通，警告灯点亮，指示机油压力过低，应立即停机采取相应措施。

当机油压力高于允许值时，弹簧管变形较大，使触点断开，电路切断，警告灯熄灭，表明机油压力符合要求。

3.2 膜片式机油压力报警电路

其报警电路简图如图 4-3-4 所示，报警传感器如图 4-3-5 所示：

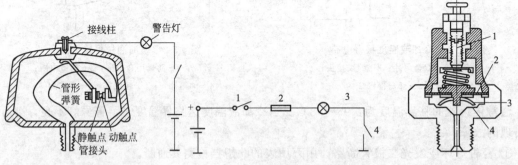

图 4-3-3　弹簧管式机油
压力报警电路

图 4-3-4　膜片式机油压力报警电路
1—电源开关；2—熔断器；
3—警告灯；4—传感器触点

图 4-3-5　膜片式机油压力
报警传感器
1—调整螺钉；2—膜片；
3—动触点；4—静触点

该传感器主要通过弹簧与油压的压力差使膜片变形，从而使触点通断。当润滑系主油道的油压低于一定值时，膜片 2 在弹簧弹力的作用下，向下弯曲，使动触点 3 与静触点 4 闭合，接通报警电路，警告灯点亮。

当油压大于一定值时，膜片克服弹簧弹力向上拱起，带动动触点向上运动，使动、静触点断开，切断报警电路，警告灯熄灭。

通常当机油压力警告灯不亮时，除指示灯、熔断器、线路故障外，则为传感器故障。

4　制动液面报警电路

工程机械现多采用液压制动，在制动液罐内装有制动液面报警传感器，其结构如图 4-3-6 所示。

传感器内装有舌簧开关，该开关在磁场力的作用下吸合。接线柱 2 与警告灯相连，浮子 5 上装有永久磁铁 4，其位置随着液面高度的变化而变化。

当制动液面在规定值以上时，浮子浮在靠上的位置，永久磁铁吸力不足使舌簧开关处于断开状态，警告灯不亮。

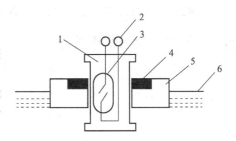

图 4-3-6　制动液面报警传感器
1—外壳；2—接线柱；3—舌簧开关；
4—永久磁铁；5—浮子；6—液面

当制动液面下降到一定值时，浮子的位置下降，舌簧开关在永久磁铁吸力的作用下闭合，警告灯点亮，以示警告。

5　倒车报警电路

轮式工程机械倒车时，除倒车灯亮之外，还伴有倒车报警器响。其倒车报警电路如图 4-3-7 所示。

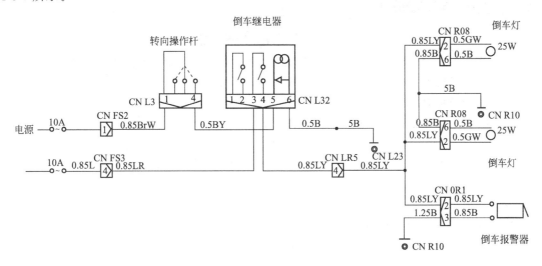

图 4-3-7　倒车报警电路

该电路中，转向杆有三个挡位：前进、空挡、后退。当转向杆置于后退挡位即倒挡时，倒车继电器线圈得电，使其触点 3、4 闭合。电源通过该触点接通倒车灯、倒车报警器电路，使倒车灯点亮的同时，倒车报警器响，提示行人注意。

常见故障及电路检测：

① 倒车灯不亮且倒车报警器不响：检测报警继电器、熔断器、倒车开关的好坏及公共线路的通断等。

② 倒车灯任意一侧不亮，但倒车报警器响：检测不亮侧倒车灯的好坏、插接器的接触是否良好及相关线路的通断。

③ 倒车灯亮但倒车报警器不响：检测倒车报警器的好坏、插接器的接触是否良好及相关线路的通断。

6 空气滤清器堵塞报警电路

空气滤清器堵塞警告灯用的传感器如图 4-3-8 所示，该传感器主要由外壳、膜片 7、触点 4 和 5、弹簧座 10 导电插片 2 等组成。其中外壳的前部装有感受压力差的膜片，并靠底座 8 压固。底板上开有三个小孔，与大气相通。外壳的后部设有通气孔，通过输气管与空气滤清器的下部相通，从而使壳内成为一气盒。两导电插片分别接电源、指示灯，通过触点、导电板 9 形成报警回路。

当空气滤清器堵塞时，气盒内产生真空，当真空度达到一定值时（通常为 25kPa）时，膜片在大气压的作用下变形，推动弹簧底座左移，使触点闭合，接通报警电路，警告灯点亮。

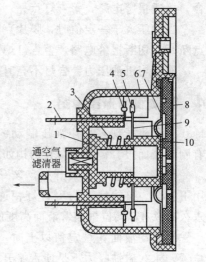

图 4-3-8　空气滤清器堵塞报警传感器
1—螺栓；2—导电插片；3—弹簧；
4,5—触点；6—外壳；7—膜片；
8—底座；9—导电板；10—弹簧座

工作情境设置

报警传感器的检测

工程机械作业时，若仪表盘上的警告灯不显示时，除用万用表检测电路中的指示灯、发光二极管、导线的通断外，主要是判断其报警传感器的好坏。

一、工作任务要求

用检测设备检测报警传感器在规定条件下能否正常工作，从而判断其好坏。

二、器材

冷却液温度报警传感器、燃油量报警传感器、液面报警传感器、万用表、导线、蓄电池、开关、指示灯、温度计等。

三、完成步骤

1. 单独报警传感器的检测

（1）冷却液温度报警传感器的检测

① 常温时，用万用表检测冷却液温度报警传感器接线端子的阻值，应 $R=\infty$，否则有故障需更换。

② 将传感器置于 $95\sim98℃$ 的水中，检测其接线端子的阻值，应 $R=0$，否则有故障需更换。

（2）燃油量报警传感器的检测　将传感器置于 $30℃$、$50℃$、$80℃$ 等不同温度的水中，检测其接线端子之间的阻值是否有变化，若无变化，则有故障需更换。

（3）液面报警传感器　将两浮子置于不同位置时，检测传感器两接线端子的通断，若始终 $R=0$ 或 $R=\infty$，则有故障需更换。

2. 就车报警传感器的检测

启动发动机，参照仪表报警电路，用万用表检测不同状态时，报警传感器接线端子与搭铁线之间的电压值，并与标准电压进行比较，若不符，则需更换。

报警传感器检测记录表

名　称	测试任务	检测结果	结果分析
冷却液温度报警传感器 SB6027	常温阻值	$R=$	
	高温阻值	$R=$	
	输入端电压	$U=$	
燃油量报警传感器	接线端子之间的阻值	$R_1=$	
		$R_2=$	
		$R_3=$	
	输入端电压	$U=$	
冷却液液面报警传感器 SB6028	接线端子之间的阻值	$R=$	
	输入端电压	$U=$	
机油压力报警传感器 SB6026	端电压	$U_1=$	
		$U_2=$	
机油油位报警传感器	两接线端子之间的电压	$U=$	
液压油温度报警传感器 SB6031	两接线端子之间的电压	$U=$	

■ 习 题

1. 分析工程机械冷却液温度报警传感器、燃油量报警传感器、机油压力报警传感器、制动液面报警传感器、空气堵塞报警传感器的工作原理。

2. 根据图 4-3-9 所示，回答问题：

① 分析倒车报警电路电路的工作原理。

② 电路中的倒车报警继电器，为什么加二极管？继电器接线时应注意什么？

③ 分析倒车报警器不响的故障原因，并写出相应的排故检测流程。

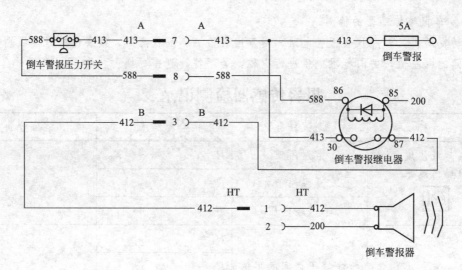

图 4-3-9　倒车报警电路

任务 4　仪表电路的分析及故障检测

【先导案例】

工程机械作业时，仪表电路常见的故障有仪表不工作或指示不准，若排除故障，则必须分析工程机械不同类型的仪表报警电路，并在读懂电路的基础上，判断检测元件的好坏，排除电路故障。

1　常见的仪表报警电路

仪表报警电路如图 4-4-1 所示。

在该电路中，仪表电路由仪表、传感器组成。其特点是水温表 8、燃油表 5 由仪表稳压器 10 供电，防止电压过高而导致电热式仪表烧坏，而机油压力表 6 由电源直接供电。当合电锁与"ON"挡位时，各仪表通过 5A 熔断器显示数值。

报警电路由警告灯和相应的报警传感器（报警开关）组成。当驻车制动时，通过停车开关 12 接通驻车制动指示灯 11 的电路，使其点亮；当发动机机油压力较低时，使油压报警开关 18 闭合，警告灯点亮的同时，通过停车开关接通报警蜂鸣器，使其鸣叫，提醒操作人员注意。

2　电子仪表报警电路

工程机械采用电子显示的组合仪表，以 VOLVO 液压挖掘机的仪表报警电路为例（见图 4-4-2），仪表盘内装有冷却液温度计、燃油表，显示数据通过 V-ECU、E-ECU 的输出信号接收信息，以便机械发生任何非正常情况时提醒操作员注意。

电路中，V-ECU 接收超载压力、燃油量、液压油油温传感器检测的信息，当机械超载、燃油不足、液压油油温较高时，相应的警告灯点亮。

E-ECU 接收发动机机油液位、机油温度、机油压力、冷却液温度、冷却液液位、燃油压力、空气滤清器堵塞、进气温度等传感器及报警开关传送的信息，在不正常的情况下，点亮相应的警告灯。且电路中元件的标记及名称见表 4-4-1。

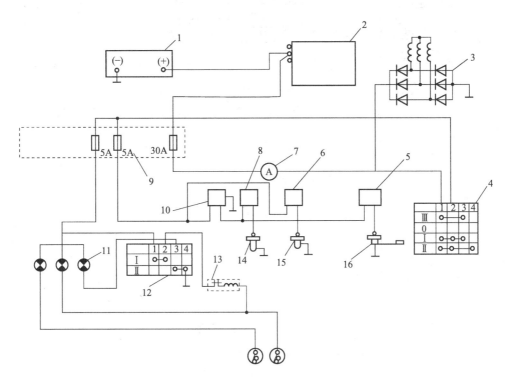

图 4-4-1　仪表报警电路

1—蓄电池；2—启动机；3—发电机；4—电锁；5—燃油表；6—机油压力表；7—电流表；8—水温表；9—熔断器；

10—仪表用稳压器；11—驻车制动指示灯；12—停车开关；13—警报蜂鸣器；14—水温传感器；

15—油压传感器；16—燃油传感器

表 4-4-1　电子仪表报警电路元件名称

标记	名称	标记	名称	标记	名称
IM3811	冷却液温度表	LC9401	超载指示灯	SE2301	燃油压力传感器
IM3803	燃油液位量表	SE2303	燃油液位传感器	SE2501	周围环境温度传感器
LC3803	中央警告指示灯	SE9401	超载压力传感器（选装）	SE2502	空气滤清器堵塞传感器
LC3201	充电指示灯	SE9105	液压油温度传感器	SE2508	增压空气压力传感器
LC2201	发动机机油压力指示灯	SE2302	燃油水分液位传感器	SE2507	增压空气温度传感器
LC2501	空气滤清器堵塞指示灯	SE2603	冷却液液位传感器	E-ECU	发动机电子控制器
LC2502	预热指示灯	SE2205	发动机机油液位传感器	V-ECU	整车电子控制器
LC2601	发动机高温度指示灯	SE2202	发动机机油温度传感器	I-ECU	仪表盘电子控制器
LC2602	冷却液低液位指示灯	SE2606	冷却器温度传感器		
LC9155	液压油温度指示灯	SE2203	发动机机油压力传感器		

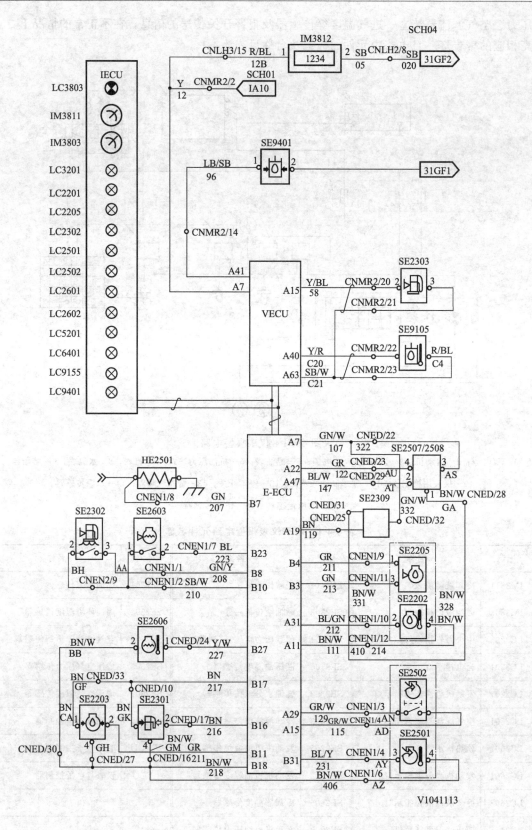

图 4-4-2　VOLVO 液压挖掘机电子仪表报警电路

工作情境设置

仪表不指示的故障检测与排除

工程机械作业时，若仪表盘上的仪表不工作或指示不准，需根据相应的电路，检测传感器、报警开关、仪表、显示器、线路、接线端子电压等。

一、工作任务要求

1. 能识别元件符号，正确描述电路的工作过程。

2. 能正确检测各元件的好坏。

3. 能根据电路中出现的故障现象，写出故障分析流程。

4. 会正确连接计数机接口，熟练操作，检测端子参数，判断故障原因。

5. 能更换故障元件。

6. 能就车识别仪表电路所涉及的传感器、报警开关，并能熟练拆卸、安装，且正确接线。

二、器材

工程机械、万用表、常用工具等。

三、完成步骤

1. 识别工程机械仪表电路中传感器、仪表、指示灯的安装位置，合电源开关，并启动发动机，观察各仪表显示的数值及报警指示灯的状态。

2. 若发动机在运转过程中，出现指针不动、数字不显示或显示值不变，则需根据电路分析故障原因，并排除。

以图 4-4-1 电路为例，常见故障有：

（1）所有的仪表都不指示

故障原因：为熔断器、电源线、搭铁线断路或稳压器有故障。

排除方法：先用万用表检测熔断器、线路的通断及接线处是否松动、脱落，最后查稳压器输出是否有电；或用万用表检测含稳压器在内的元件进出线有无电压。

（2）个别仪表不指示

故障原因：相应的仪表、传感器有故障，或对应的线路断路。

以水温表为例，排故流程：

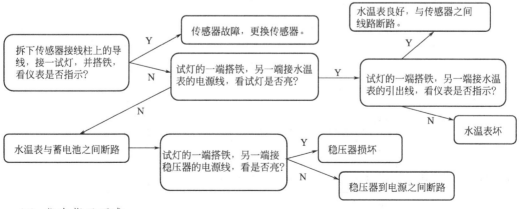

（3）仪表指示不准

当发动机正常运转时，冷却液的温度应在 80～95℃ 之间；油压力读数：急速时应不低于 0.15MPa，正常压力应为 0.2～0.4MPa，最高压力不超过 0.5MPa。若指示不准，则不能准确反应机械的工作情况。

故障原因：电路中的电器元件（仪表、传感器、稳压器等）有故障，或线路搭铁不良。

排故方法：①多数仪表指示不准，检测稳压器、仪表的搭铁线；②个别仪表指示不准，检测相应的仪表和传感器，并分别对其进行校核。

（4）报警装置不指示

故障原因：熔断器、线路断路或报警传感器故障。

排故方法：

① 所有的报警不指示：需检测熔断器、供电电源线路的通断及接线端是否松动、脱落。

② 个别报警不指示：需检测报警传感器的好坏及相应线路的通断。

3. 对于电子组合仪表，以图 4-4-2 电路为例：

① 若 I-ECU 上的仪表、警告灯不显示，则需检测供电电源是否正常，与 V-ECU、E-ECU 连接的数据线是否正常。

② 若个别仪表、报警指示灯不亮，则需检测相应的传感器接线端子之间的阻值或对搭铁线之间的电压是否正常；传感器与 ECU 之间的连线是否正常；插接器之间的接触是否正常。

4. 在完好的工程机械上，合电源开关，并启动发动机，就车检测各传感器输入、输出端电压及接线端子之间的阻值，了解其性能参数。

5. 就车拆装传感器、报警装置，并接线。

工程机械传感器端子电压、电阻检测记录表

名称	测试任务	检测参数	结果分析
冷却液温度传感器	进线电压	$U_进=$	
	出线电压	$U_出=$	
	接线端子之间的阻值	$R=$	
冷却液液位传感器	进线电压	$U_进=$	
	出线电压	$U_出=$	
	接线端子之间的阻值	$R=$	
燃油油位传感器	进线电压	$U_进=$	
	出线电压	$U_出=$	
	接线端子之间的阻值	$R=$	
液压油油温传感器	进线电压	$U_进=$	
	出线电压	$U_出=$	
	接线端子之间的阻值	$R=$	

续表

名称	测试任务	检测参数	结果分析
机油压力传感器	端子电压	$U_1 =$	
	端子电压	$U_2 =$	
	接线端子之间的阻值	$R_{12} =$	
空滤堵塞传感器	进线电压	$U_进 =$	
	出线电压	$U_出 =$	
	接线端子之间的阻值	$R =$	
进气温度传感器	进线电压	$U_进 =$	
	出线电压	$U_出 =$	
	接线端子之间的阻值	$R =$	

习　题

1. 根据图 4-4-1 电路，写出燃油表、机油压力表不指示的排故流程。

2. 根据图 4-4-1 电路，写出用万用表电压挡检测燃油报警指示灯不亮的排故流程。

3. 根据图 4-4-1 电路，写出用测试灯法检测倒车蜂鸣器不响的排故流程。

4. 根据图 4-4-2 电路，写出燃油油量不显示的排故流程。

5. 根据图 4-4-2 电路，写出机油压力低而不报警的排故流程。

6. 写出下图所示的传感器名称。

SB6028　　　SB6026　　　SB6031　　　SB6030　　　SB6029

　1　　　　　　2　　　　　　3　　　　　　4　　　　　　5

项目5

■工程机械辅助电器系统的故障检测与排除

    工程机械辅助电器系统主要包括:雨雪天气时保证操作员视线良好的刮水电路;改善驾驶员的工作条件,提高其舒适性,实现夏季制冷,冬季取暖的空调制冷系统控制电路。若玻璃视窗前的刮水刷架不动,炎热夏季空调系统出现不制冷、制冷量不足或制冷装置发生异响时,除分析工程机械辅助电器系统相应的控制电路外,还须会检测电路中各控制元件(刮水电动机、压力开关、传感器、温控器等)的好坏,从而排除辅助电器系统出现的故障。同时还需检测制冷剂是否泄漏,并正确加注制冷剂。

任务 1　刮水电路分析及故障检测

【先导案例】
　　工程机械雨、雪天行驶或作业时，若合刮水开关，出现刮水器不工作、刮水器无低速、高速、间歇刮水或摆杆不自动复位等故障，除机械传动故障外，则必须检查刮水电路。

1　概述

　　工程机械在雨、雪天作业时，前风窗玻璃容易被雨滴、雪花遮覆，妨碍视线，因此各种工程机械上都装有清洁风窗玻璃的刮水器，以保证安全作业。目前工程机械上还安装有洗涤泵，可以将水喷到刮水片的上部，湿润玻璃，然后再开动刮水器，清除前风玻璃上的灰尘或污物。刮水器主要有电动式、气动式、真空式等多种形式，但电动式的应用最为广泛。

1.1　电动刮水器的结构组成

　　电动刮水器是由直流电动机和传动机构两部分组成，如图 5-1-1 所示，电动机旋转时，带动涡杆、涡轮转动，使与涡轮相连的拉杆和摆杆带动左右刷架往复摆动，安装在刷架上的橡胶刷片便可清除前窗玻璃上的雨雪、灰尘等。

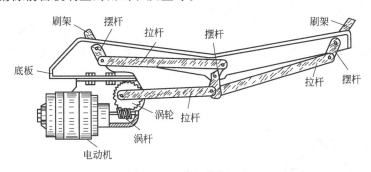

图 5-1-1　刮水器的组成

　　通常电动机与涡轮、涡杆构成的涡轮箱结合成一体，组成刮水电动机总成。且刮水电动机有绕线式和永磁式两种。绕线式刮水电动机的磁场是由磁极与绕组构成，绕组通电时产生磁场；而该电动机体积小、质量轻、结构简单、性能可靠，故被工程机械广泛使用。

1.2　刮水电动机的型号

　　刮水电动机的功率一般在 200W 以下，其型号代号是"ZD"，Z 表示"直流"，D 表示"电"，其排列顺序及代号如下：

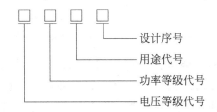

　　电压等级代号"1"为 12V，"2"为 24V；功率等级代号见表 5-1-1。

表 5-1-1 工程机械用直流电动机功率等级代号

代号	1	2	3	4	5	6	7
功率等级/W	10	20	30	40	50	100	200

2 绕线式刮水电动机

绕线式刮水电动机是应用通电线圈产生磁场，且直流电动机磁场绕组按励磁方式可分为串励式、并励式与复励式三大类。若磁场线圈与电枢绕组串联连接，则为串励式；磁场线圈与电枢绕组并联连接为并励式；磁场线圈与电枢绕组有串联又有并联为复励式，如图 5-1-2 所示。而刮水器用的直流电动机一般为复励式直流电动机。

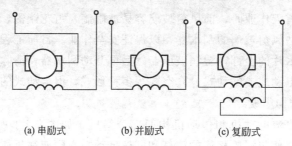

(a) 串励式　　　　(b) 并励式　　　　(c) 复励式

图 5-1-2　直流电动机的励磁方式

2.1 绕线式刮水电动机的结构及工作原理

如图 5-1-3 所示，刮水电动机主要由电动机 7、减速器 1（包括曲柄摇杆机构）、刮杆、刮片及开关 6 等组成。其中曲柄摇杆机构与减速器组装在一起，将电动机主轴的旋转运动变为往复摆动。电动机是由定子 2、电枢 3、换向器 4、电刷 5 等组成，其电路结构图示如图 5-1-4 所示。

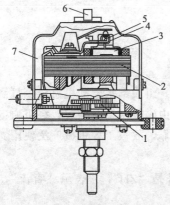

图 5-1-3　刮水电动机
1—减速器；2—定子；3—电枢；4—换向器；
5—电刷；6—开关；7—电动机

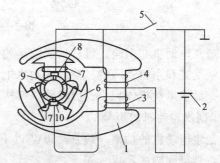

图 5-1-4　电动机电路结构图示
1—定子；2—蓄电池；3—串联线圈；4—并励线圈；5—开关；
6—电枢；7—电枢绕组；8，10—电刷；9—换向器

其定子 1 呈马蹄形，由钢片叠合并用铆钉铆合而成，且装有励磁线圈 3、4。其中励磁线圈 3 与电枢绕组 7 串联，励磁线圈 4 与电枢绕组 7 并联。电枢铁芯上分别绕有三个线圈，其中每两个线圈的首尾相连并焊接在换向器的换向片上。其工作原理为：合开关 5，磁场绕组、电枢绕组得电形成闭合回路，电枢转动，经减速器，将电枢轴由高速转变为低速，同时

增大转矩，经曲柄摇杆机构将电动机主轴的旋转运动变为往复摆动。且电动机的电流回路为：

① 蓄电池"＋"→开关 5→励磁线圈 4→搭铁"－"。

② 蓄电池"＋"→开关 5→电枢绕组 7→励磁线圈 3→搭铁"－"。

2.2　绕线式刮水电动机自动复位的工作原理

工程机械电动刮水器既有高速又有低速，且为不影响施工驾驶人员的视线，当切断刮水电动机电路后，要求刮杆与刮片复位到风窗玻璃的下沿，即在电动机减速器内附有自动复位装置，如图 5-1-5 所示。

刮水电动机中，励磁线圈 1 与电枢绕组并联，励磁线圈 8 与电枢绕组串联。刮水开关"0"为"OFF"挡，"Ⅰ"为"低速"挡。自动复位装置在开关为"OFF"挡位时，触点10、11 处于断开状态。其工作原理为：

（1）当开关为"ON"挡时，电流回路为：

① 蓄电池"＋"→开关→励磁线圈 1→搭铁"－"。

② 蓄电池"＋"→开关→励磁线圈 8→电刷 5→电枢绕组→电刷 3→搭铁"－"。

由于电流通过串、并励线圈，产生磁场，使电枢转动，并通过减速器增大转矩带动传动机构使刮杆摆动。减速器的被动齿轮 13 内侧有一凸块 12，被动齿轮 13 每旋转一周，其凸块 12 将通过顶杆 15，顶开动触点臂 9，使动触点 10 与静触点 11 打开一次，这时刮杆与刮片恰好在风窗玻璃的下沿。且触点闭合时，与开关并联，电位相等，刮水电动机供电电压不变。

（2）当开关为"OFF"挡时，刮杆与刮片可能不在风窗玻璃下沿，即被动齿轮 13 的旋转还没有到达凸块 12 顶开触点，则触点仍处于闭合状态，如图 5-1-5(b) 所示，此时的电流回路为：

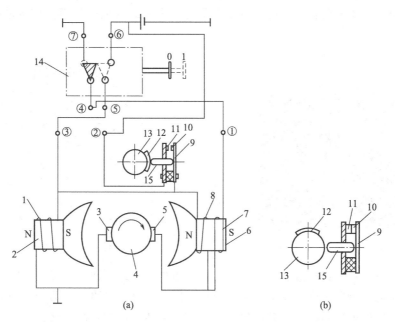

图 5-1-5　绕线式刮水电动机的自动复位电路

1—并励线圈；2,6—磁极；3,5—电刷；4—电枢；7—制动线圈；8—串励线圈；9—动触点臂；

10—动触点；11—静触点；12—凸块；13—被动齿轮；14—开关；15—顶杆

① 蓄电池"＋"→触点→励磁绕组 1→搭铁"－"。

② 蓄电池"＋"→触点→励磁绕组 8→电刷 5→电枢绕组→电刷 3→搭铁"－"。

电枢仍以高速运转，直至被动齿轮 13 与凸块 12 通过顶杆 15 顶开动触点臂 9，使动触点 10 打开，自动切断流入电动机的电流。

触点断开后，由于电枢的旋转惯性，电枢仍以较慢的转速运转，这样则影响刮杆与刮片的复位位置。因此刮水电动机的磁极上还绕有一个制动线圈 7。由于电枢继续运转，电枢绕组产生反电势，使电动机变为发电机。此时的电流回路为：

电刷 5→制动线圈 7→开关接线柱④→开关接线柱⑦→电刷 3（搭铁）。

这时通过制动线圈 7 的电流与通过串联线圈 8 的电流方向一致，且磁场方向不变。但通过电枢的电流方向与原来方向相反，因此电枢 4 产生相反的作用力起到制动作用，电枢迅速停止旋转，促使被动齿轮 13 在复位位置上，从而保证刮杆与刮片停留在风窗玻璃的下沿。

通常电动刮水器的作业方式分"高速"和"低速"，绕线式刮水电动机的变速可通过改变磁场强度来实现，而改变磁场强度的方法可以通过改变励磁电路电流的大小来实现，即通过刮水开关改变励磁电路中电阻的大小。

3 永磁式刮水电动机

3.1 永磁式刮水电动机的变速

永磁式刮水电动机是由电动机、减速器组成（见图 5-1-6）。其电动机的磁场是永久磁铁，由于磁场的强弱不能改变，则变速只能利用三只电刷来改变正负电刷之间串联线圈的个数来实现。其电枢绕组的电路如图 5-1-7 所示，工作过程为：

① 将开关 K 拨向低速电路 L 时，电源电压加在 B_1 与 B_3 两电刷之间。从图中可以看出 B_1、B_3 间有 6 个线圈，且①⑥⑤、②③④两路并联。电动机工作时，这 6 个线圈产生反电势，方向与电枢电流方向相反，电源电压需平衡 3 个绕组的反电势后，使电动机转速稳定，且转速较低。

图 5-1-6　永磁式刮水电动机

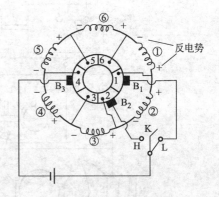

图 5-1-7　电枢绕组电路

② 将开关 K 拨向高速电路 H 时，电源电压加在 B_2 与 B_3 两电刷之间。此时线圈②与线圈①⑥⑤的反电势方向相反，反电势互相抵消。因此在高速电路中有两个线圈的反电势与电源电压平衡，所以电枢的转速上升，使反电势增大以达到新的相对平衡。

3.2 永磁式电动刮水器的工作原理及自动复位

永磁式电动刮水器的自动复位电路如图 5-1-8 所示，刮水开关"0"为"OFF"挡，"Ⅰ"

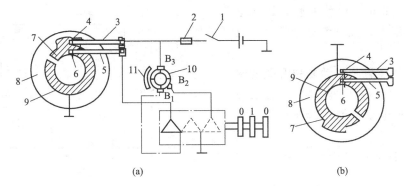

图 5-1-8　永磁式电动刮水器的自动复位电路

1—电源开关；2—熔断器；3，5—触点臂；

4，6—触点；7，9—铜环；8—涡轮；10—电枢；11—永久磁铁

为"低速"挡；"Ⅱ"为"高速"挡。复位装置是在涡轮上嵌有铜环 7、9，触点臂 3、5 具有一定的弹性，涡轮旋转时，触点 4、6 与涡轮断面和铜环保持接触。开关为"OFF"挡位时，触点 4、6 通过铜环 7 短接。其工作原理为：

① 合电源开关，且刮水开关置于"Ⅰ"挡时，电枢绕组有电流流过，并在永久磁铁的作用下旋转，由于 B_1、B_3 两电刷之间的线圈数多，电动机转速较慢。电流回路为：

铅蓄电池"＋"→开关 1→熔断器 2→搭铁。

② 当刮水开关置于"Ⅱ"挡时，由于 B_1、B_2 两电刷之间的线圈数减少，电动机以高速运转。电流回路为：

铅蓄电池"＋"→开关 1→熔断器 2→电刷 B_3→电枢绕组→电刷 B_2→刮水开关→搭铁。

③ 当刮水开关置于"0"挡时，即关闭时，由于触点 4 与触点 6 经铜环 7 使电刷 B_1、B_3 之间短接，电枢绕组无电流流过，电动机停转，使刮杆与刮片复位到风窗玻璃的下沿。

④ 若关置于"0"挡时，刮杆未复位，则触点 6 与铜环 9"接通"［见图 5-1-8(b)］，电流回路为：

铅蓄电池正极→开关 1→熔断器 2→电刷 B_3→电枢绕组→电刷 B_1→刮水开关→触点 6→铜环 9→搭铁。

电动机以低速继续转动，直到涡轮 8 旋转到"特定位置"时［见图 5-1-8(a)］，触点 4 与触点 6 经铜环 7"接通"，电动机短接失电。由于电枢旋转时的惯性，电枢绕组产生反电势并形成制动力矩，使电动机迅速停止转动，且刮杆与刮片复位到风窗玻璃的下沿。

3.3　间歇式电动刮水器

工程机械刮水装置上安装有电子间歇系统，在小雨或雾天作业时打开间歇开关，使刮水器按一定的周期停止和刮水，使驾驶员获得较好的视线。且间歇式电动刮水器分同步式和异步式两种，其中同步式电路如图 5-1-9 所示。

① 当刮水开关置于间歇挡位时，即开关处于"0"位，间歇开关闭合，电源通过自动复位开关向电容 C 充电，充电电路为：

蓄电池正极→复位开关上→电阻 R_1→电容 C→搭铁。

随着充电时间的增长，电容两端的端电压逐渐上升，当电压上升到一定值时，使晶体管 T_1、T_2 相继导通，继电器 J 线圈得电，常开触点闭合，刮水电动机低速运转。电流回路为：

a. 蓄电池正极→电阻 R_5→T_2→继电器 J→间歇开关→搭铁。

b. 蓄电池正极→电动机端子 B_3→电机端子 B_1→刮水开关→继电器常开触点（下）→搭铁。

② 当复位装置将自动复位开关的常开触点（下）接通时，电容 C 通过二极管放电，刮水电动机继续低速运转。放电电路为：

电容 C 正极→二极管→复位开关下→搭铁。

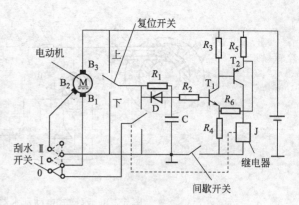

图 5-1-9 同步间歇式电动刮水电路

随着放电时间的增长，晶体管 T_1 的基极电位逐渐下降，当降到一定值时，使晶体管 T_1、T_2 相继截止，继电器 J 线圈失电，常开触点断开，常闭触点复位。由于复位开关常开触点（下）处于闭合状态，刮水电动机继续低速运转。电流回路为：

蓄电池正极→电动机端子 B_3→电动机端子 B_1→刮水开关→继电器常闭触点（上）→复位开关（下）→搭铁。

③ 当刮水片回到原位时，复位开关的常开触点（下）打开，常闭触点闭合，则刮水电动机停转，电容 C 继续充电，循环往复。其中间歇时间的长短，取决于 R_1、C 电路充电时间常数的大小。

3.4 刮水自动控制电路

刮水器的自动控制电路（见图 5-1-10）是根据雨量大小自动开闭，并自动调节间歇时间。电路中 S_1、S_2 和 S_3 是安装在风窗玻璃上的流量检测电极，雨水落在两检测电极之间，使其阻值减小，且水流量越大，其阻值就越小。其工作过程：

① 当雨水量较小时，S_1 与 S_3 之间的距离较近（约 2.5cm）而电阻减小，使晶体管导通，继电器 J_1 线圈得电，触点 P 闭合，则刮水电动机低速旋转。其电流回路为：

a. 蓄电池正极→晶体管 T_1→继电器 J_1→搭铁。

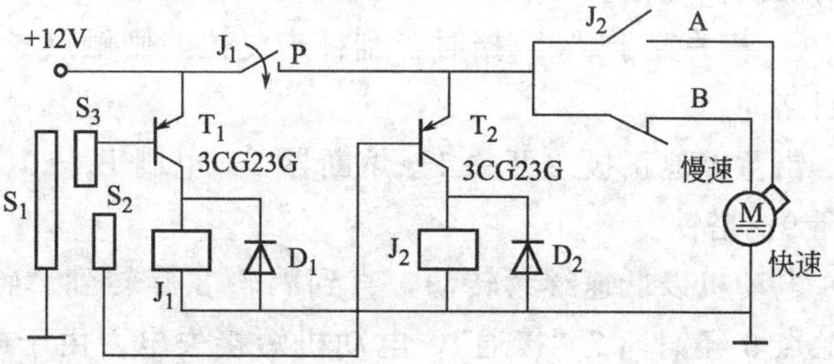

b. 蓄电池正极→继电器 J_1 的触点 P→继电器 J_2 的常闭触点 B 刮水电动机→搭铁。

图 5-1-10 刮水器的自动控制电路

② 当雨量增大时，S_1 与 S_2 之间的电阻减小，使晶体管 T_2 也导通，于是继电器 J_2 线圈得电，使常开触点 A 闭合，常闭触点 B 断开，刮水电动机转为高速旋转。电流回路为：

a. 蓄电池正极→继电器 J_1 的触点 P→晶管 T_2→继电器 J_2→搭铁。

b. 蓄电池正极→继电器 J_1 的触点 P→继电器 J_2 的常开触点 A→刮水电动机→搭铁。

③ 雨停时，检测电阻之间的阻值均增大，晶体管 T_1、T_2 截止，继电器线圈失电，使触点复位，刮水电动机自动停止工作。

4 正确维护

刮水器的维护周期一般为 6 个月，为保证其正常运行，维护项目为：

① 检查刮水电动机的固定及机械传动机构的连接情况，如有松动，应予以拧紧。

② 检查橡胶刮水片与玻璃的贴附情况，使橡胶刮水片无老化、磨损、破裂等现象，否则应予更换。

③ 合刮水开关，刮水器摇臂摆动正常。转换开关挡位，电动机应以不同的转速工作。否则应检查刮水电动机与线路。

④ 检查后，在各运动铰链处滴注 2～3 滴机油或涂抹润滑脂，并再次合刮水开关使刮水装置摇臂摆动，待机油或润滑脂浸到各工作面后，擦净多余的机油或润滑脂即可。

工作情境设置

电动刮水器刷架不动的故障检测与排除

刮水器在使用中，常见的故障有：刮水器不工作、刮水器运转无力、间歇刮水不工作或摆杆不自动复位等，若排除这些故障，则须根据工程机械刮水装置的具体电路，分析并排除。

一、工作任务要求

1. 能判断刮水器机械传动部分是否完好。

2. 能描述刮水电路的工作过程，识别刮水电动机 5 条出线的作用。

3. 能根据刮水器出现的故障现象，写出故障分析流程。

4. 会使用仪器、仪表熟练操作，判断故障原因。

5. 能更换故障元件。

6. 能就车识别刮水电路各电器元件，并能熟练拆卸、安装，且正确接线。

二、器材

蓄电池、刮水电动机、测试灯、万用表、导线、刮水开关、熔断器、电锁、常用工具等。

三、完成步骤

1. 选择电器元件，按刮水电路（见图5-1-8）接线。

2. 合刮水开关于不同的挡位，验证其工作是否正常。

3. 人为设置故障，使用仪器、仪表检测，分析故障原因，并排除。

通常刮水器常见的故障有：

(1) 刮水器不工作

首先排除机械传动故障：断开电源，用手摆动车窗玻璃前的摆杆，看其是否摆动自如。若摆动阻力大，则为传动机构故障；若摆动阻力小，则为刮水电路故障。

其中故障原因：①熔断器烧坏；②刮水电动机损坏；③刮水开关损坏；④拉杆与刮水电动机脱开；⑤连接线路断或插接器松脱。

排故方法：

① 检查熔断器是否断路。若断路，则更换；若良好，则检查刮水电动机。

② 用导线跨接电动机与蓄电池的负极，看刮水电动机是否运转。若不转，则为电动机故障；若转，则检查刮水开关。

③ 刮水开关搭铁是否良好；开关处于不同挡位时接触是否良好（检测通断）。

④ 各元件之间的连接导线是否完好。

(2) 刮水器运转无力

故障原因：①机械故障；②接线接触不良或松动；③电动机轴承和涡轮组的润滑不良。

排故方法：

① 紧固各接线端子的接线和线路插接器的连接，使其牢固可靠。

② 润滑电动机轴承和涡轮组。

（3）刮水器不自动复位

故障原因：①刮水电动机自动复位机构损坏；②复位装置触点引出线断路。

排故方法：

① 检查与复位装置触点的连接线是否断路（万用表欧姆挡），正常时 $R=0$。

② 刮水开关处于断开位置时，检测复位装置的两引出线是否导通，正常时 $R=0$。

③ 若复位装置的两引出线不导通，则检查复位装置触点是否有脏污、锈蚀及烧蚀严重。

（4）刮水器无间歇工况

故障原因（见图5-1-9）：①继电器 J 损坏；②晶体管烧断；③间歇开关损坏；④连接导线断路或松脱。

排故方法：

① 测刮水电动机B_1、B_3端子是否有电压；无则查连接导线是否断路或松脱，有则查继电器。

② 测继电器85端子是否有电压；有，则继电器、间歇开关损坏；无，则晶体管断路。

③ 给继电器85、86端子直接得电，看刮水电动机是否转动；转，则间歇开关损坏；不转，则为继电器故障。

④ 检测间歇开关的通断。

4. 就车识别刮水电路中的刮水电动机、刮水器熔断器、刮水开关等电器元件在工程机械上的具体安装位置，并能熟练拆卸、安装，且正确接线。

5. 就车练习检测、排除刮水电路常见故障的方法。

刮水电路的接线及故障检测记录表

故障现象	检测任务		检测结果	判别结论
刮水开关置于各挡位,刮水装置不工作	熔断器			
	刮水电动机	低速		
		高速		
	刮水开关	"Ⅰ"挡		
		"Ⅱ"挡		
	搭铁线			
	连接线路			
刮水器运转无力	各接线端子的牢固性			
刮水器不能自动复位	触点连接线通断检测	与开关的连接导线	$R=$	
		与电动机的连接导线	$R=$	
	触点引出线通断检测		$R=$	
	触点状况			
刮水器无间歇工况	刮水电动机	B_1 端子电位	$U=$	
		B_3 端子电位	$U=$	
	继电器好坏检测			
	间歇开关通断检测		$R=$	

■ 习 题 ···

1. 直流电机励磁的方式有哪几种？并画出相应的图示。
2. 分析图 5-1-8 永磁式电动刮水器自动复位的工作原理，并说明刮水电动机无高速时可能的故障原因。
3. 分析图 5-1-10 刮水器自动控制电路的工作过程，并说明当继电器 J_1 线圈断路时会导致什么结果？继电器 J_2 线圈断路时又会导致什么结果？若晶体管 T_1 或 T_2 击穿又会导致什么结果？
4. 如何正确维护刮水装置？

任务 2　制冷装置的检修

【先导案例】

　　炎热夏天，若工程机械在施工作业时，已经将空调的冷风调到最大，可操作室的温度还是降不下来，究竟是什么原因导致空调不制冷？可能的故障原因有：压缩机不工作、鼓风机电动机不工作、制冷剂管道破裂，或者是驱动带松弛或断裂等。那么如何检测和排除工程机械制冷装置的故障呢？

1　制冷原理

　　空调系统主要由制冷系统、暖风系统、通风换气系统和控制系统等组成。制冷系统的作用是夏季对驾驶室内的空气进行冷却降温与除湿。在制冷过程中，为实现制冷效果，需要采用制冷剂（R134a）。要求制冷剂具备以下的特点：液态的制冷剂如果在一定的温度下降低压力，就会蒸发成气体，在此气化过程中需要从周围的空气中吸取一定的热量，使周围的气温下降而实现制冷效果。提高气态制冷剂的压强可以使制冷剂的冷凝点升高，使其更加容易转化为液体而放出热量。为了实现持续制冷，必须形成一定的压缩式封闭循环。该循环分为冷凝剂的压缩、冷凝、膨胀和蒸发四个阶段，其过程如图 5-2-1 所示。

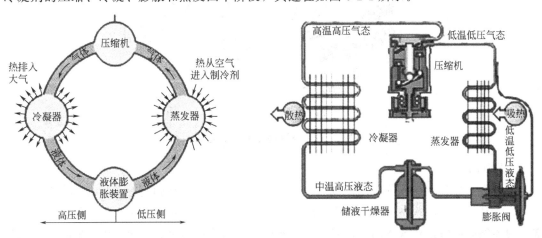

图 5-2-1　制冷循环过程

1.1　压缩过程

　　压缩机由发动机的带轮驱动，将蒸发器中的低温（5℃）低压（约为 0.15MPa）的气态制冷剂吸入压缩机，并将其压缩为高温（70～90℃）高压（1.3～1.5MPa）的制冷剂气体排出，然后经高压管路送入冷凝器。

1.2　冷凝过程

进入冷凝器的高温高压气态制冷剂，受到冷凝器冷却及风扇的强制冷却，释放部分热量，使高温高压制冷剂气体冷凝为 50℃ 左右，压力仍为 1.3～1.5MPa 的中温高压液态制冷剂，然后经高压管路送入储液干燥器。

1.3　膨胀过程

进入储液干燥器的中温高压的液态制冷剂，除去水分和杂质后，经高压管送至膨胀阀。由于膨胀阀的节流作用，使得中温高压的液态制冷剂经膨胀阀喷入蒸发器后，迅速膨胀为低温（-5℃）低压（0.15MPa）的雾状液态制冷剂。

1.4　蒸发过程

进入蒸发器的低温低压雾状液态制冷剂，通过蒸发器不断吸收热量而迅速沸腾汽化为低温（5℃）低压（0.15MPa）的气态制冷剂。当鼓风机将附近空气吹过蒸发器表面时，使空气被冷却，且周围温度降低。

如果压缩机不停地运转，蒸发器出口的气态制冷剂再次被吸入压缩机，参与下一轮循环，制冷剂被重复利用，循环往复，即可对周围空气进行持续制冷降温。

2　空调制冷系统的组成与结构

工程机械用空调制冷系统现在都采用蒸发压缩式循环系统。该制冷系统主要由压缩机、冷凝器、储液干燥器（或集液器）、膨胀阀（或膨胀管）、蒸发器等部件组成，各部件由专用软管或耐压金属管顺次连接，且空调制冷系统的组成图示如图 5-2-2 所示。

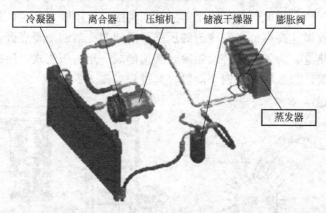

图 5-2-2　空调制冷系统结构图

2.1　压缩机

压缩机是将低温低压的制冷剂压缩成高温高压的气体，为空调制冷系统的制冷剂提供循环动力。其实物如图 5-2-3 所示。现代工程机械所采用的压缩机结构各异且品种繁多，比较常用的类型有曲轴连杆式压缩机、涡旋式压缩机、斜盘式压缩机、摇板式压缩机和旋叶式压缩机等。此外，压缩机还可分为定排量和变排量两种形式，变排量压缩机可根据空调系统的制冷负荷自动改变排量，使空调系统运行更加经济。

2.1.1　曲轴连杆式压缩机

（1）结构　这种压缩机的体积较大，结构与发动机相似，由曲轴连杆驱动活塞往复运

图 5-2-3　压缩机实物图

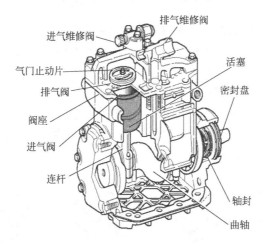

图 5-2-4　曲轴连杆式压缩机的结构

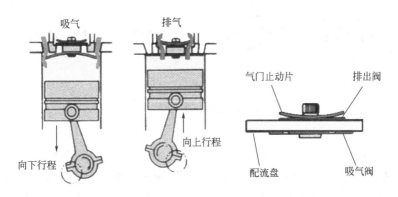

图 5-2-5　曲轴连杆式压缩机的工作过程

动，一般采用双缸结构，每缸上方装有进排气阀片，压缩机的具体结构如图 5-2-4 所示。

　　（2）工作过程　曲轴连杆式压缩机的工作过程如图 5-2-5 所示。整个工作过程由吸气、压缩和排气三个过程组成。活塞下行时进气阀开启，制冷剂进入气缸；活塞上行时，连杆制冷剂被压缩，当达到一定压力时，排气阀打开，制冷剂排出。

2.1.2　涡旋式压缩机

　　（1）结构　涡旋式压缩机的结构如图 5-2-6 所示，其关键部件是涡旋定子和涡旋转子。

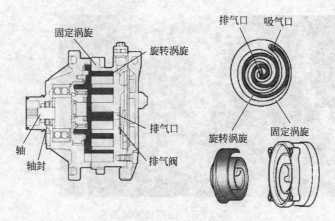

图 5-2-6　涡旋式压缩机的结构

定子安装在机体上，转子通过轴承装在轴上，转子与轴有一定的偏心，定子与转子安装好后，可形成月牙形的密封空间，排气口位于定子的中心部位，进气口位于定子的边缘。

（2）工作过程　涡旋式压缩机的工作过程如图 5-2-7 所示。当压缩机旋转时，转子相对于定子运动，使两者之间的月牙形空间的体积和位置都在发生变化，体积在外部进气口处大，在中心排气口处小，进气口体积增大使制冷剂吸入。当到达中心排气口部位时，体积缩小，制冷剂被压缩排出。

图 5-2-7　涡旋式压缩机的工作过程

2.1.3　斜盘式压缩机

（1）结构　旋转斜盘式压缩机的结构如图 5-2-8 所示。通常在机体圆周方向上布置有 6 个或者 10 个气缸，每个气缸中安装一个双向活塞形成 6 缸机或 10 缸机，气缸轴线与主轴轴线平行，六缸机圆周上的各气缸互成 120°夹角，十缸机的各气缸互成 72°夹角均匀地分布，每个气缸两头都有进气阀和排气阀。活塞由斜盘驱动在气缸中往复运动，活塞的一侧压缩时，另一侧则为进气。

（2）工作原理　旋转斜盘式压缩机的工作原理如图 5-2-9 所示，压缩机轴旋转时，轴上的斜盘同时驱动所有的活塞运动，部分活塞向左运动，部分活塞向右运动。图中的活塞在向左运动中，活塞左侧的空间缩小，制冷剂被压缩，压力升高，打开排气阀，向外排出，与此同时，活塞右侧空间增大，压力减小，进气阀开启，制冷剂进入气缸。由于进、排气阀均为单向阀结构，所以保证制冷剂不会倒流。

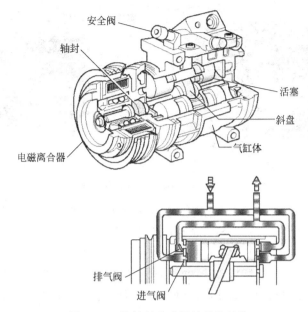

图 5-2-8　旋转斜盘式压缩机的结构

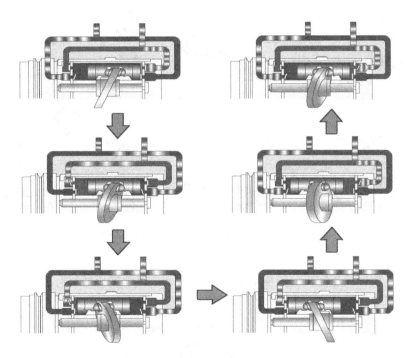

图 5-2-9　旋转斜盘式压缩机的工作原理

2.1.4　摇板式压缩机

（1）结构　这种压缩机是一种变排量的压缩机，其结构如图 5-2-10 所示。它的结构与旋转斜盘式压缩机类似，通过斜盘驱动周向分布的活塞，只是将双向活塞变为单向活塞，并可通过改变斜盘的角度改变活塞的行程，从而改变压缩机的排量。压缩机旋转时，压缩机轴驱动与其连接的凸缘盘，凸缘盘上的导向销钉再带动斜盘转动，斜盘最后驱动活塞做往复运动。

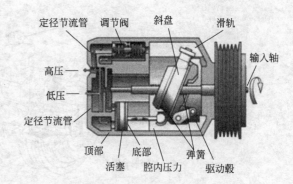

图 5-2-10　摇板式压缩机结构图

（2）工作原理　压缩制冷的工作原理此处不再重复，这里主要介绍变排量的原理，如图 5-2-11 所示。这种压缩机可以根据制冷负荷的大小改变排量，制冷负荷减小时，可以使斜盘的角度减小，从而减小活塞的行程，使排量降低。负荷增大时则相反。下面以负荷减小为例来说明压缩机排量如何减小，制冷负荷的减小会使压缩机低压腔压力降低，低压腔压力降低可使波纹管膨胀而打开控制阀，高压腔的制冷剂便会通过控制阀进入斜盘腔，使斜盘腔的压力升高。

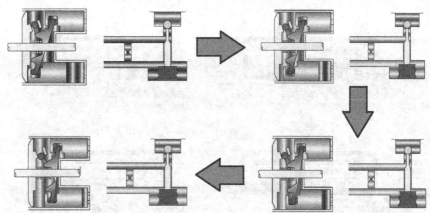

图 5-2-11　摇板式压缩机变排量工作原理

2.1.5　旋叶式压缩机

（1）结构　旋叶式压缩机的结构如图 5-2-12 所示。旋叶式压缩机有圆形气缸式（2 或 4 片叶片）和椭圆形气缸式（4 或 5 片叶片）两种形式。

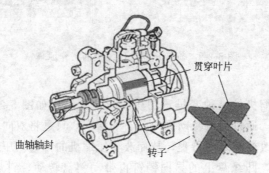

图 5-2-12　旋叶式压缩机的结构

（2）工作原理　圆形气缸 4 片叶片式压缩机工作原理如图 5-2-13 所示。压缩机主轴旋转时带动开有滑槽的转子旋转，叶片在滑槽中滑动。转子在气缸中偏心安装，转动时在离心力和油压作用下叶片向外滑出，压靠在气缸壁上，将内腔分成四个气室。气室空间变大时产生负压，吸入制冷剂气体（吸气口不设吸气阀）；气室空间变小时制冷剂气体压力升高，经排气阀排出。

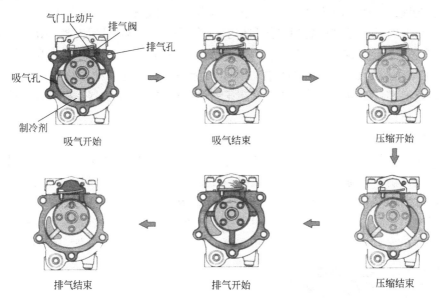

图 5-2-13　圆形气缸 4 片叶片式压缩机的工作原理

旋叶式压缩机的特点是：旋转部分转动惯量小，工作转速高，无噪声，振动小；尺寸小，质量轻；与同排量的旋转斜盘式压缩机相比，制冷效率高。

2.2　制冷剂

制冷剂是空调制冷系统中的"热载体"，它可根据空调制冷系统的要求变化状态，实现制冷循环。制冷剂的英文名称为 Refrigerant，所以常用其第一个字母来代表制冷剂，后面表示制冷剂名称，如 R12、R22、R134a，如图 5-2-14 所示。

图 5-2-14　制冷剂

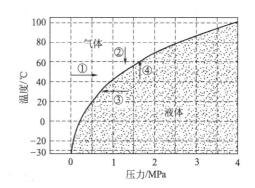

图 5-2-15　R134a 蒸气-压力曲线

R12 是过去常用的制冷剂，又称氟利昂。这种制冷剂各方面的性能都很好，但是有一个致命的缺点，就是破坏大气中的臭氧层，使太阳的紫外线直接照射到地球，对植物和动物造成伤害。

目前广泛采用 R134a 来替代 R12。R134a 是无氟制冷剂，目前测定它对臭氧层的破坏系数几乎为零，其特性如图 5-2-15 所示：R134a 在大气压力下的沸腾点为 $-26.9℃$，在 98kPa 的压力下沸腾点为 $-10.6℃$。在常温常压下，如果将其释放，R134a 便会立即吸热而开始汽化，且对其加压后，很容易转化为液体。其中曲线上方为气态，下方为液态，若使 R134a 从气态转变为液态，既可降低温度，也可提高压力，反之亦然。

R134a 与 R12 具有不同的物理特征和化学性质，两者不能混装或互换。R134a 空调制冷系统与 R12 空调制冷系统使用不同的干燥剂、机油、软管、O 形圈以及其他零件，这些零件与 R12 空调系统的某些零件外形相似，甚至功能相同，但这两种系统是在不同压力下运行的，所以这些零件不可互换。制造厂家在压缩机、冷凝器、蒸发器、橡胶管和灌充设备上均有说明，以防误用。

2.3 冷凝器

（1）结构　冷凝器（实物见图 5-2-16）是将压缩机排除出的高温、高压气态制冷剂转变为液态制冷剂。制冷剂通过冷凝器散热而状态发生改变，因此冷凝器是一个热交换器。

常用的车用冷凝器按结构形式分为管片式、管带式和平行流式，如图 5-2-17 所示。管片式冷凝器因结构简单、加工方便而使用广泛；管带式比管片式传热效率高，而平行流冷凝器是为适应 R134a 制冷剂而研制的新型冷凝器，突破了前二者的局限性，传热效率更高。

图 5-2-16　冷凝器实物图

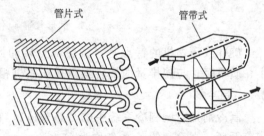

图 5-2-17　冷凝器结构图

（2）安装　为了保证冷凝器散热良好，一般将其布置在车前面或车身两侧等通风良好的位置，并采用高速冷凝器风扇以提高散热效果。安装冷凝器时，注意从压缩机排出的制冷剂必须进入冷凝器的上端入口，而出口必须在下方，如图 5-2-18 所示，否则会使制冷系统压力升高，导致冷凝器爆裂。冷凝器比较容易被脏污覆盖，而引起排管和翅片腐蚀，影响其散热，应经常清洗。

2.4 储液干燥器和集液器

2.4.1 储液干燥器

储液干燥器用于膨胀阀式的制冷循环系统，安装在冷凝器出口和膨胀阀之间。

（1）储液干燥器的作用

① 暂时存储制冷剂，使制冷剂的流量与制冷负荷相适应。

② 去除制冷剂中的水分和杂质，确保系统正常运行。（如果系统中有水分，有可能造成水分在系统中结冰，堵塞制冷剂的循环通道，造成故障。如果制冷剂有杂质，也可能造成系统堵塞，使系统不能制冷。）

③ 部分储液干燥罐上装有观察玻璃，可观察制冷剂的流动情况，确定制冷剂的数量。

④ 有些储液干燥罐上装有易熔塞，在系统压力、温度过高时，易熔塞熔化，放出制冷剂，保护系统重要部件不被破坏。

⑤ 还有些储液干燥罐上安装有维修阀，供维修制冷系统安装压力表和加注制冷剂之用。

⑥ 有些车型的储液干燥罐上装有压力开关，在系统压力不正常时，终止压缩机的工作。

（2）储液干燥器的结构　储液干燥器的结构如图 5-2-19 所示：主要由壳体、滤网、干燥剂、入口、出口、低压开关、高压阀和目镜等组成。干燥器内有滤网和干燥剂，罐的上方有视液镜观察玻璃及进口和出口，如图 5-2-20 所示。

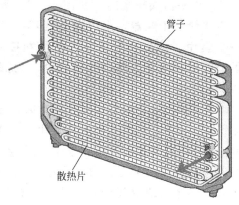

图 5-2-18　冷凝器进、出口安装

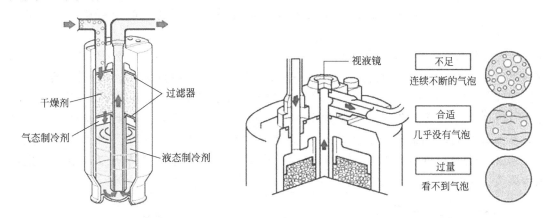

图 5-2-19　储液干燥器的结构　　　　图 5-2-20　储液干燥器视液镜

储液干燥器的干燥剂失效，滤网或过滤器堵塞，一般无法维修，只能更换整个储液干燥器，而且只要空调系统中的主要部件（如冷凝器、蒸发器等）更换或维修，就必须更换储液干燥器。

2.4.2　集液器

集液器用于膨胀管式的制冷系统，安装在蒸发器出口处的管路中。由于膨胀管无法调节制冷剂的流量，因此从蒸发器出来的制冷剂不一定全部是气体，可能有部分液体，为防止压缩机损坏，故在蒸发器出口处安装集液器，一方面将制冷剂进行气液分离，另一方面起到与储液干燥器相同的作用，其结构如图 5-2-21 所示。

2.5　膨胀阀和膨胀管

2.5.1　膨胀阀

膨胀阀安装在蒸发器的入口处，其作用是将储液干燥器来的高温、高压的液态制冷剂从膨胀阀的小孔喷出，使其降压，体积膨胀，转化为雾状制冷剂，在蒸发器中吸热变为气态制冷剂，同时还可根据制冷负荷的大小调节制冷剂的流量，确保蒸发器出口处的制冷剂全部转化为气体。

膨胀阀的结构形式有三种，分别为外平衡式膨胀阀、内平衡式膨胀阀和 H 形膨胀阀。

(1) 外平衡式膨胀阀　如图 5-2-22 所示，膨胀阀的入口接储液干燥器，出口接蒸发器。膨胀阀的上部有一个膜片，膜片上方通过一条细管接一个热敏管。热敏管安装在蒸发器出口的管路上，内部充满制冷剂气体。

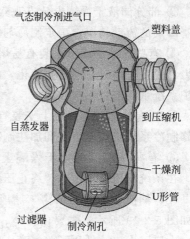

图 5-2-21　集液器的结构

当蒸发器出口处的温度发生变化时，热敏管内的气体体积发生变化，从而产生压力变化，并作用在膜片的上方。膜片下方的腔室还有一根平衡管通蒸发器出口，蒸发器出口的制冷剂压力通过这根平衡管作用在膜片的下方。膨胀阀的中部有一个阀门，阀门控制制冷剂的流量，阀门的下方有一个调整弹簧，弹簧的弹力试图使阀门关闭，此弹力通过阀门上方的杆作用在膜片的下方。因此，膜片受热敏管中制冷剂气体向下的压力，弹簧向上的推力和蒸发器出口制冷剂向上的支撑力，阀的开度则由这三个力共同决定。

当制冷负荷发生变化时，膨胀阀可根据制冷负荷的变化自动调节制冷剂的流量，确保蒸发器出口处的制冷剂全部转化为气体并有一定的过热度。当制冷负荷减小时，蒸发器出口处的温度就会降低，热敏管的温度也会降低，其中的制冷剂气体便会收缩，使膨胀阀膜片上方的压力减小，阀门就会在弹簧和膜片下方气体压力的作用下向上移动，减小阀门的开度，从而减小制冷剂的流量。反之，制冷负荷增大时，阀门的开度会增大，制冷剂的流量增加。当制冷负荷与制冷剂的流量相适应时，阀门的开度保持不变，维持一定的制冷强度。

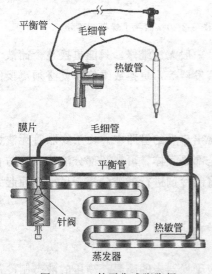

图 5-2-22　外平衡式膨胀阀

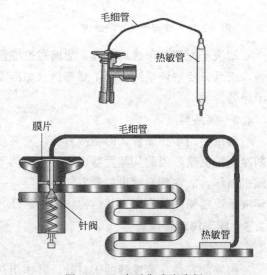

图 5-2-23　内平衡式膨胀阀

(2) 内平衡式膨胀阀　如图 5-2-23 所示，其结构与外平衡式膨胀阀的结构大同小异，不同之处在于内平衡式膨胀阀没有平衡管，膜片下方的气体压力直接来自于蒸发器的入口。内平衡式膨胀阀的工作过程与外平衡式膨胀阀的工作过程完全相同。

（3）H 形膨胀阀 采用内、外平衡式膨胀阀的制冷系统，其蒸发器的出口和入口不在一起，因此需要在出口处安装感温包和平衡管路，结构比较复杂。如果将蒸发器的出口和入口做在一起，就可以将感温包和平衡管路均去掉，这就形成了所谓的 H 形膨胀阀，如图 5-2-24 所示。

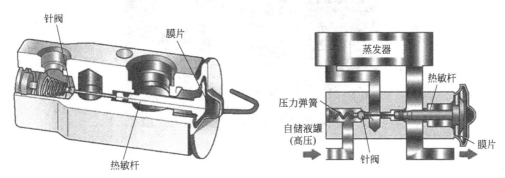

图 5-2-24 H 形膨胀阀

2.5.2 膨胀管

膨胀管的作用与膨胀阀的作用基本相同，只是将调节制冷剂流量的功能取消了。其结构如图 5-2-25 所示。膨胀管的节流孔径是固定的，入口和出口都有滤网。由于节流管没有运动部件，具有结构简单、成本低、可靠性高、节能的优点。

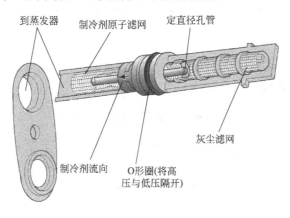

图 5-2-25 膨胀管

2.6 蒸发器

低压、低温雾状液态制冷剂被喷入蒸发器后，会吸收车厢内的热量而迅速蒸发为气态，从而降低车内空气温度。在降温的同时，空气中的水分也会因温度降低而凝结出来并排出车外，起到除湿的作用。

按结构不同，蒸发器可分为管片式、管带式和层叠式。层叠式蒸发器由夹带散热铝带的两片铝板叠加而成，其结构紧凑、热交换效率更高，采用 R134a 制冷剂的空调普遍采用这种类型的蒸发器。

蒸发器不是易损件，但容易发生"冰堵"现象。"冰堵"现象是指制冷系统内的残留水分过多，制冷剂循环过程中，水分被冻结在温度很低的毛细管出口处，逐渐形成"冰塞"，使制冷剂不能循环流动，所以应注意对制冷系统的维护，有的空调上还安装了结霜防止装置，其实物如图 5-2-26 所示。

图 5-2-26　结霜防止装置

2.7　冷冻机油

冷冻机油的作用是对压缩机进行润滑、冷却、密封和消除噪声。在空调制冷系统工作的过程中会有少量的机油被制冷剂带到系统中循环，这样会有利于膨胀阀处于良好的工作条件下工作。

国产冷冻机油按其 50℃时运动黏度分为 13、18、25、30、40 5 个牌号。选用何种等级和型号的冷冻机油取决于压缩机制造商的规定和系统内制冷剂的类型。在更换机油的同时还应更换储液干燥器或集液器，因制冷剂泄漏而造成冷冻机油的损耗可采用一次性灌装有压机油来补充。

工作情境设置

制冷剂的加注

工程机械作业时，开启空调开关，在电磁离合器结合的前提下，若出现不制冷的故障，故障原因通常为传动带松旷损坏、压缩机不转、制冷剂泄漏、储液干燥器堵塞、膨胀阀堵塞及管路堵塞。排故时除更换相应的制冷装置外，关键是制冷剂的灌注。

一、工作任务要求

1. 能正确操作空调操作面板上的各种开关。

2. 能分析空调系统状态显示，且能就车识别空调装置的安装位置。

3. 能正确检测制冷系统故障部位，分析故障原因。

4. 能正确拆装制冷装置。

5. 能使用仪器安全、规范灌注制冷剂。

二、器材

工程机械、空调试验台、制冷剂回收机、压力表组、万用表、温度计、制冷剂泄漏检测仪、制冷剂添加阀、真空泵、充填软管、常用工具、制冷剂、冷冻机油、黏结剂等。

三、完成步骤

1. 启动发动机，在空调操作面板上（见图 5-2-27），合空调开关，调节制冷温度、风扇速度及空气出口位置，感受空调系统的制冷效果。

其中面板符号意义：1 为电源开关；2 为自动/手动开关；3 为液晶显示屏；4 为温度控

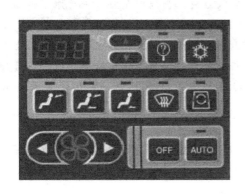
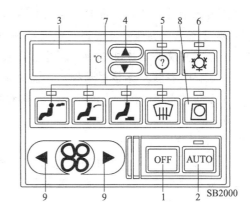

图 5-2-27 空调操作面板

制开关；5 为诊断开关；6 为压缩机"开/关"选择开关；7 为空气出风口选择开关；8 为内部循环/外部空气选择开关；9 为风扇速度选择开关。

2. 按诊断开关 5，观察显示屏显示状态，查看空调系统是否有故障，其系统状态显示见表 5-2-1。

表 5-2-1 空调系统状态显示表

项目	显示代码	显示比例	单位	备注
设定温度		25	℃	手动模式：C4～C1、H4～H1；紧急模式：1～9
大气温度	A	A24	℃	
故障码	E	E1		无故障：跳过
＊冷却液温度	C	C27	℃	
＊管道温度	d	d10	℃	
＊空气混合门开启	F	F60	％	完全关闭：0％，完全打开：99％
＊压缩机离合器	1	＊＊10		1：ON，0：OFF
＊压力开关	2	＊＊20		1：ON，0：OFF
＊空气混合风门执行器移动方向	3	＊＊30		0：停止，1：冷风；2：暖风

注：＊按住检查按钮 5s 以上显示上述项目（检查 LED）闪烁；＊＊当传感器发生故障时将显示"99"。

3. 若无故障显示，识别制冷装置的安装位置、管路接口、并感受管路温度，区分系统的高低压部分。

4. 若压缩机旋转，但无制冷效果，则需检查制冷装置，分析故障原因并排除。

（1）排故流程

检测故障部位→回收制冷剂→更换故障装置→灌注制冷剂→调试、试车。

（2）检查方法 空调系统故障诊断是通过看（察看系统各设备的表面现象）、听（听机器运转声音）、摸（用手触摸设备各部位的温度）、测（利用压力表、温度计、万用表、检测仪检测有关参数）等手段来进行的，其中：

① 看现象。

a. 察看干燥过滤器目镜中制冷剂流动状况，若流动的制冷剂中央有气泡，则说明系统内制冷剂不足，应补充至适量。若制冷剂呈透明，则表示制冷剂加注过量，应缓慢放出部分制冷剂。若流动的制冷剂呈雾状，且水分指示器呈淡红色，则说明制冷剂中含水率偏高。

b. 察看系统中各部件与管路连接是否可靠密封，是否有微量泄漏。若有泄漏，在制冷剂泄漏的过程中常夹有冷冻机油一起泄出，故在泄漏处有潮湿痕迹，并依稀可见黏附上的一些灰尘。此时应将该处连接螺母拧紧，或重做管路喇叭口并加装密封橡胶圈，以杜绝慢性泄漏，防止系统内制冷剂的减少；最后，察看冷凝器是否被杂物封住，散热翅片是否倾倒变形。

② 听响声。

a. 听压缩机电磁离合器有无发出刺耳噪声。若有噪声，则多为电磁离合器磁力线圈老化，通电后所产生的电磁力不足或离合器片磨损引起其间隙过大，造成离合器打滑而发出尖叫声。

b. 听压缩机在运转中是否有液击声。若有此声，则多为系统内制冷剂过多或膨胀阀开度过大，导致制冷剂在未被完全汽化的情况下吸入压缩机，此现象对压缩机的危害很大。有可能损坏压缩机内部零件，应缓慢释放制冷剂至适量或调整膨胀阀开度，及时加以排除。

③ 摸温度。

a. 触摸高压回路（压缩机出口→冷凝器、储液器→膨胀阀进口），应呈较热状态，若在某一部位特别热或进出口之间有明显温差，则说明此处有堵塞，更换堵塞装置。

b. 触摸低压回路（膨胀阀出口→蒸发器→压缩机进口）应较冷。若压缩机高、低压侧无明显温差，则说明系统存在泄漏或制冷剂不足的问题。

④ 测数据。通过上述过程，发现不正常的现象，则需对系统进行测试，分析参数，找出故障部位并排除。

a. 用检漏仪检漏。用检漏仪检查整个系统各接头处是否有制冷剂泄漏。

b. 用万用表检查。若压缩机不转，用万用表检测空调控制电路，判断故障部位。

c. 用温度计检查。用温度计检测蒸发器、冷凝器、储液器的进出口温度。正常工作时，蒸发器表面温度在不结霜的前提下越低越好；冷凝器入口管温度为 70～90℃，出口管温度为 50～65℃；储液器温度应为 50℃左右，若储液筒上下温度不一致，说明储液器有堵塞。

d. 用压力表检查。将风机风速调至高挡，温度调至最低挡，并将歧管压力计的高、低压表分别接在压缩机的排气口、吸气口的维修阀上，在空气温度为 30～35℃、发动机转速为 2000r/min 时检查。检测参数及故障原因分析见表 5-2-2。

表 5-2-2　压力检测参数及故障原因分析表

制冷剂	压力 MPa(kgf/cm²)		故障现象	原因	检查、修理
	低	高			
正常	0.15～0.25 (1.5～2.5)	1.37～1.57 (14～16)			
低	0.05～0.1 (0.5～1.0)	0.69～0.98 (7～10)	高、低压力低；气泡持续经过视镜；空调出口空气不冷	制冷剂量低并且有泄漏	检查并修理制冷剂泄漏；充装制冷剂
制冷剂不循环	0～(－)	0.5～0.6 (5～6)	如果完全堵塞，低压力会立即指向(－)；如果堵塞轻微，低压力缓慢指向(－)	空调制冷剂回路堵塞	检查并更换储液干燥器和膨胀阀等

续表

制冷剂	压力 MPa(kgf/cm²)		故障现象	原因	检查、修理
	低	高			
湿气混进了制冷剂回路	0～(—)	0.69～0.98 (7～10)	启动操作正常,片刻后,低压力降到(—)	膨胀阀冻住,湿气混合	检查膨胀阀;更换储液干燥器
压缩机低压缩力	0.4～0.6 (4～6)	0.69～0.98 (7～10)	低压力高过正常值。如果空调关闭,高、低压力会立即统一	压缩机故障	检查并更换压缩机(当压缩不足时,触碰外部不会发烫)
制冷剂过多	0.25～0.35 (2.5～3.5)	1.96～2.45 (20～25)	高压、低压同时都高;发动机转数降低,但是视镜上未见气泡	制冷剂过多;冷凝器冷却不良	检查制冷剂量;检查并纠正冷凝器散热片
空气混合进回路	0.25～0.3 (2.5～3.0)	1.96～2.45 (20～25)	高、低压力高,同时高、低压力管道热,视镜可见大量气泡	空气混合	重新充装制剂
膨胀阀过度开启	0.3～0.4 (3～4)	1.96～2.45 (20～25)	高、低压力高,同时低压力管上可见结霜	膨胀阀故障	检查膨胀阀;检查热感知管和灯泡安装;更换膨胀阀

(3) 制冷仪器的使用

① 制冷剂添加阀。如图 5-2-28 所示,制冷剂添加阀主要是用来完成制冷剂罐向冷却循环系统填充制冷剂,以控制制冷剂的供给量。

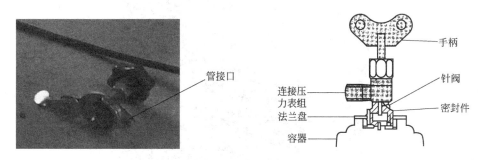

图 5-2-28　制冷剂添加阀

操作方法:

a. 尽量拧松阀门手柄,同时松开法兰盘。

b. 将阀门拧入容器,通过法兰盘固紧阀门。

c. 拧动手柄,用针阀在容器上冲出小孔。

d. 当手柄不再吃力时,制冷剂由罐上小孔中流出,并通过填充软管进入制冷系统。

注意:请勿使制冷剂罐倒置,因制冷剂会以液态形式进入制冷系统。

② 压力表组。如图 5-2-29 所示,用于测量制冷系统的压力及制冷装置安装完成后的打压、抽真空、填充制冷剂。

通过压力表组高压阀与低压阀不同的开闭组合,可以构成四种不同回路。

a. 高压阀与低压阀关闭。

b. 低压阀开启,高压阀关闭。

c. 低压阀关闭,高压阀开启。

d. 低压阀与高压阀开启。

其中红、黄、蓝三种颜色的软管,一头装有开启内阀的销针,用于连接压缩机或维修阀(添加阀)。

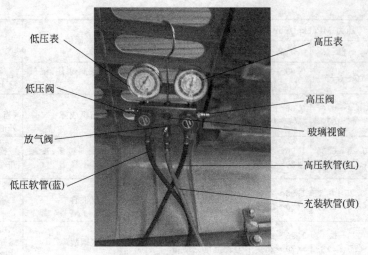

低压表　　　　　　　　　高压表

低压阀　　　　　　　　　高压阀

放气阀　　　　　　　　　玻璃视窗

　　　　　　　　　　　　高压软管(红)

低压软管(蓝)　　　　　　充装软管(黄)

图 5-2-29　压力表组

③ 真空泵。如图 5-2-30 所示，真空泵与压力表组配合使用，通过两接头可完成制冷系统的抽空、打压、试压、验漏。

图 5-2-30　真空泵

④ 电子检漏仪。该仪器用于检测制冷系统中制冷剂的泄漏部位和泄漏程度。仪器上有闪光灯和蜂鸣器，越靠近泄漏区域，闪光和蜂鸣的间隔越短，提高灵敏度将能检测到轻微的泄漏。

注意：检查时要在发动机停机状态。由于制冷剂较空气略重，因此检漏仪的探头应在管路连接部位的下方检测，并轻微振动管路。

(4) 制冷剂的回收　制冷装置更换或排除接口制冷剂泄漏时，首先用制冷剂回收机（见图 5-2-31）将制冷剂回收，以便再次使用。

(5) 制冷剂的排放　当无回收设备而需排放制冷剂时，操作方法为：

① 检查快速接头和检测表连接阀门是否关闭。

② 将空调高、低压压力表组与空调系统的高、低压快速接头连接。

③ 慢慢打开高、低压侧释放阀门，让制冷剂从中央管流出。

④ 观察高、低压力表的显示值，当制冷剂排放完毕时，其数值为 0。

注意：①操作时制冷剂不可排放太快，否则会导致压缩机油从中流出。②如果是刚关闭空调压缩机时放制冷剂，应慢慢打开高压侧释放阀门，当高压表压力降到 980kPa 以下时，再打开低压阀。

（6）制冷剂的加注

① 打压

a. 关闭压力表组的高、低阀，并将高低压软管分别接系统的高、低压检测口（见图 5-2-32），中央充装软管接真空泵试压口。

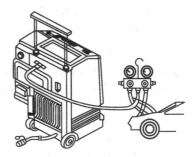

图 5-2-31　制冷剂回收机

b. 打开压力表组的高、低阀，合真空泵电源开关，使压力表的读数：$P_{低} = 0.5 \sim 0.7\text{MPa}$，$P_{高} = 1.37 \sim 1.57\text{MPa}$ 时，关闭高低压阀及真空泵电源。

c. 观察压力表读数是否保持 10～20min 不变。

② 抽真空。

a. 打开压力表组的高、低压阀，排除系统空气。

b. 连接中央充装软管到真空泵的真空接口，并启动真空泵。

c. 直到低压力侧读数为 −710mm 汞柱真空，然后关闭高、低压阀及真空泵。

d. 如果真空在 5min 内降低大于 25mm 汞柱，则系统有泄漏。修理泄漏并重新排空系统。

e. 如果真空读数没有变化，重新启动真空泵并继续排空直到低压表读数为 −750～−760mm 汞柱。

f. 关闭高、低歧管阀门、真空泵。

图 5-2-32　高低压软管接法

③ 加冷冻机油。若更换压缩机、冷凝器、蒸发器及较长的制冷管，或制冷剂发生严重泄漏时，利用管路抽真空后，将适量的冷冻机油吸入压缩机低压侧后，再关闭低压阀。

④ 制冷剂充装（见图 5-2-33）。

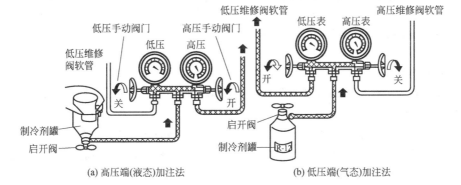

(a) 高压端(液态)加注法　　(b) 低压端(气态)加注法

图 5-2-33　制冷剂充装

a. 将中央充装软管通过制冷剂添加阀连接到制冷剂罐。

b. 先打开高压侧阀门，制冷剂会自动充装进管道。

c. 如果充装速度慢，关闭高压侧阀门并停 5～10min，检查可能的气体泄漏。修理后继续充装操作。

d. 添加制冷剂直到系统充满到正确量，关闭歧管高压阀。

e. 启动发动机，空转在 1000~1500r/min。开空调 A/C 开关，鼓风机开关调至最高挡，温度调至最冷位置。

注意： 在空调运转时不要打开高压侧阀门。否则发生制冷剂倒流现象。

f. 打开低压侧阀门来彻底充装制冷剂，如果制冷剂完全充满，关闭低压侧阀门。

g. 注意视镜里的制冷剂流，检查压力，正常值：$P_{低}＝0.15~0.25MPa$，$P_{高}＝1.37~1.57MPa$。并检视泄漏。

h. 停止发动机并从压缩机上拆除计量器套件。

习题

1. 说明空调制冷系统的工作原理。
2. 制冷系统的高低循环各包括哪些装置？各起什么作用？
3. 分析内平衡式膨胀阀的工作原理。
4. 空调制冷系统中，是否必须使用膨胀阀？若否，说明系统原因及系统特点。
5. 如何判断制冷系统中制冷剂的量是否满足要求？
6. 制冷剂查漏的方法有哪几种？
7. 如何排除压缩机有击液声的故障？
8. 如何用压力表组检查制冷系统故障？
9. 加注制冷剂的方法有几种？各有什么特点？

任务3 制冷系统控制电路分析及故障检测

【先导案例】

空调控制系统既要保证空调制冷系统正常运行，又要保证空调系统工作时发动机的正常运转。该控制系统主要是通过控制压缩机电磁离合器的结合与分离实现温度控制与系统保护，通过对鼓风机的转速控制调节制冷负荷。当发生不制冷故障时，若电磁离合器没有吸合，则必须检测空调系统的控制电路。那么如何检测和排除控制元件的故障呢？

1 制冷装置控制电路

1.1 电磁离合器

电磁离合器安装在压缩机驱动轴前端，其作用是通过电磁线圈的得电与失电来控制发动机与压缩机之间的动力传递。

电磁离合器的结构如图 5-3-1 所示，由定子（电磁线圈）、带轮的转子、压盘、轴承等元件组成。压盘通过弹簧与压盘轮毂相连，压盘轮毂与压缩机输入轴通过平键相连。其工作原理为：

当电磁线圈不得电时，在弹簧张力的作用下，压盘与压缩机带轮之间保留一定的空隙，带轮通过轴承空转。

当电磁线圈得电时，电磁线圈产生的强大吸引力克服弹簧的张力，将压盘紧紧地吸合在带轮的端面上，带轮通过压盘带动压缩机输入轴一起转动，使压缩机工作，且电磁线圈工作状态如图 5-3-2 所示。

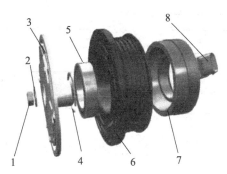

图 5-3-1 电磁离合器的结构

1—紧固螺母；2—垫圈；3—压盘；4—卡簧；
5—轴承；6—带轮的转子；7—定子（电磁线圈）；8—导线插头

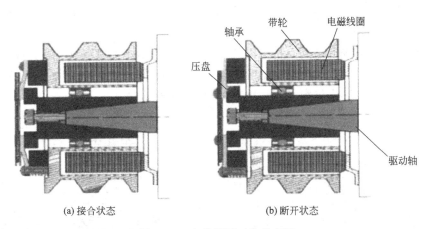

图 5-3-2 电磁线圈工作状态图

1.2 制冷循环的压力控制

若空调制冷循环系统出现压力异常，将会造成系统的损坏。为防止该现象的发生，通常在循环系统的高压管路中安装压力开关。常见的压力开关有高压开关、低压开关和高低压组合开关三种。

（1）高压开关 用于检测制冷剂的最高工作压力，分常开式和常闭式两种。常开式高压开关是当压力约为 1.6MPa 时，接通冷凝器风扇高速挡，增强冷却强度，使压力降低；常闭式高压开关是当压力高于额定最高安全值 3.2MPa 时，高压开关断开切断电磁离合器电路，使压缩机停止运转。

（2）低压开关 低压开关也称制冷剂泄漏检测开关，用于限制系统高压的最低值。当制冷剂严重泄漏或某种原因导致系统高压压力低于额定最低值 0.21MPa 时，低压开关立即切断电磁离合器电路，使压缩机停止运转。

（3）高低压组合开关 将高压开关和低压开关制成一体，具有高压开关和低压开关的双重功能。其中压力开关的安装位置和控制电路如图 5-3-3 所示。

当循环系统压力在正常范围内时，压力开关提供晶体管的基极正向偏置电压，使晶体管导通，同时电磁离合器继电器的线圈得电，触点闭合，提供电磁离合器线圈电流，压缩机工作。

当循环系统压力低于或高于一定值时，高、低压开关断开，晶体管截止，继电器线圈失电，电磁离合器线圈无电流流过而使压缩机停转。

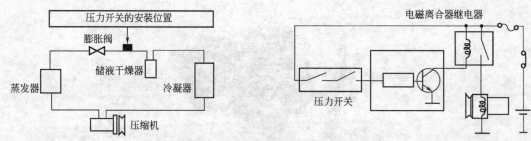

图 5-3-3　压力开关的安装位置和控制电路

1.3　蒸发器的温度控制电路

蒸发器温度控制的目的是防止蒸发器结霜而引起制冷效果大幅度降低。为了充分发挥蒸发器的最大冷却能力，温度控制器根据蒸发器表面温度的高低接通或断开电磁离合器的电路，控制压缩机的开停，使蒸发器表面温度保持在 $1\sim4℃$ 之间。常用的温度控制器有机械波纹管式和电子式两种。

(1) 波纹管式温度控制电路　机械波纹管式温度控制器主要由波纹管、感温毛细管、触点、弹簧、调整螺钉等组成。感温毛细管内充有感温物质（制冷剂或 CO_2），一般放在蒸发器冷风出口，用以感受蒸发器温度。其电路如图 5-3-4 所示。

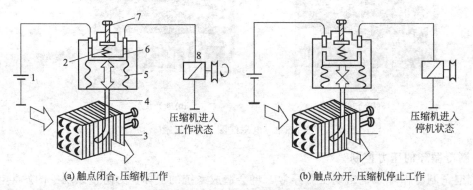

(a) 触点闭合,压缩机工作　　　　　　　　(b) 触点分开,压缩机停止工作

图 5-3-4　波纹管式温度控制电路

1—蓄电池；2—弹簧；3—蒸发器；4—感温管；5—波纹管；6—触点；7—调节螺钉；8—压缩机

其工作原理主要是利用波纹管的伸长或缩短来接通或断开触点，从而切断制冷装置压缩机的动力源。当蒸发器温度升高时，毛细管中的感温物质膨胀，对应的波纹管伸长并压缩弹簧，触点闭合，电磁离合器线圈得电，压缩机旋转，制冷装置循环制冷。当车内温度降到设定的温度以下时，波纹管缩短，弹簧复位，使触点断开，电磁离合器线圈失电，压缩机停止工作。

(2) 电子式温度控制电路　电子式温度控制器电路如图 5-3-5 所示。

电子式温度控制器一般采用负温度系数的热敏电阻作为感温元件，装在蒸发器的表面，用以检测蒸发器表面温度。

当蒸发器表面温度低于某一设定值（$1℃$）时，热敏电阻的阻值变化转换为电压变化，使空调 ECU 输入低温信号，控制继电器切断电磁离合器电路，使压缩机停止工作，使蒸发器温度不低于 $1℃$。

当蒸发器表面温度高于某一设定值（$4℃$）时，热敏电阻的阻值变化转换为电压变化，使空调 ECU 输入高温信号，控制继电器接通电磁离合器电路，使压缩机运转，使蒸发器温度不高于 $4℃$。

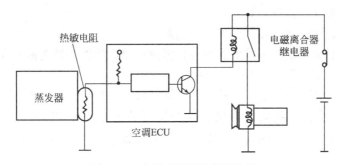

图 5-3-5　电子式温度控制器电路

1.4　冷凝器风扇的控制电路

为了使压缩机排出的高温高压制冷剂快速冷却液化，一般在冷凝器前或后增设风扇。其中风扇转速的控制有两种，一种是通过改变与风扇电动机串联的电阻阻值的方法（单个电动机）来改变风扇电动机的转速，如图 5-3-6 所示。

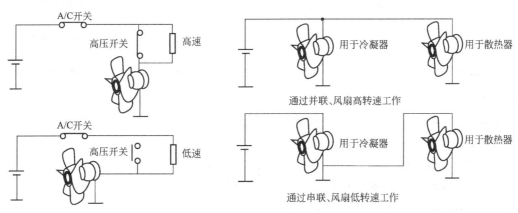

图 5-3-6　串接电阻的风扇电路　　　　图 5-3-7　冷凝风扇、散热器风扇的接线电路

当系统压力 P 在 0.21～1.6MPa 之间时，常开式高压开关处于断开状态，电阻与风扇电动机串联，电动机低速运转；当系统压力 P 大于 1.6MPa 时，常开式高压开关闭合，使电阻短接，风扇电动机高速运转，增强冷却强度，使系统压力降低。

另一种是通过改变冷凝风扇、散热器风扇的连接方式（串联、并联）来改变风扇电动机的转速，其接线电路如图 5-3-7 所示。

1.5　鼓风机控制电路

鼓风机是电动机带动的多叶片风扇，强迫空气流过蒸发器表面，提高热交换效率。车用空调通常是通过鼓风电动机外接电阻或功率晶体管的方式来控制其转速。

（1）鼓风电动机外接电阻的控制电路　如图 5-3-8 所示，电阻串接在风扇开关与鼓风电动机之间，风扇开关置于不同挡位时，即可改变电动机的端电压，控制电动机转速和调节空气流量。

当电动机运转时，因变阻器得电而发热，因此安装

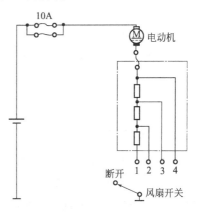

图 5-3-8　鼓风电动机外接
电阻的控制电路

在鼓风电动机前、蒸发箱内使之通风良好。

（2）鼓风电动机外接功率晶体管的控制电路

该控制方式，利用了晶体管的放大特性，通过改变晶体管基极电流的大小使鼓风电动机在不同转速下工作。其电路如图5-3-9所示。

通常鼓风电动机控制开关分自动、手动两挡位，其中手动挡有不同转速的选择模式，如图5-3-10所示：当鼓风电动机转速控制开关置于自动挡时，鼓风机的转速由空调ECU控制；一旦人为操作手动开关选择不同转速，即可自动取消空调ECU的控制功能。

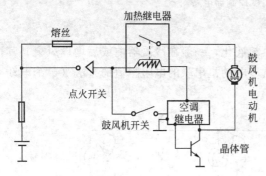

图5-3-9 鼓风电动机外接功率晶体管的控制电路

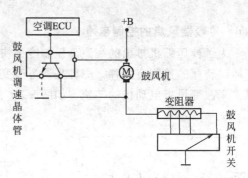

图5-3-10 晶体管与鼓风电动机电阻组合控制电路

1.6 发动机的怠速提升控制

压缩机工作时要消耗一定的发动机功率，当发动机转速较低时（低速行驶或处于怠速运转状态时），发动机的输出功率较小，此时如果开启空调制冷系统，将加大发动机的负荷，可能会造成发动机过热或停机，同时空调系统也会因压缩机转速低而制冷量不足。为防止这种情况的发生，在空调的控制系统中采用了怠速提升装置，如图5-3-11所示。

当接通空调制冷开关（A/C）后，发动机的控制单元（ECU）便可接收到空调开启的信号，控制单元便控制怠速控制阀将怠速旁通气道的通路增大，使进气量增

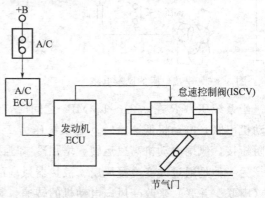

图5-3-11 发动机怠速提升控制

加，提高怠速。如果是节气门直动式怠速控制机构，控制单元便控制电动机将节气门开大，提高怠速。

2 制冷系统的控制电路

图5-3-12为某液压挖掘机自动空调控制电路，主要由控制器、开关面板、继电器、传感器（如：室内温度传感器、环境温度传感器、蒸发器温度传感器、水温传感器、光照强度传感器、制冷剂压力传感器）及控制风门开度大小的伺服电动机等组成，且工作模式分手动、自动两种。控制器通过接收面板输入信号、传感器检测信号及各风门位置反馈信号等，控制空调系统的工作。

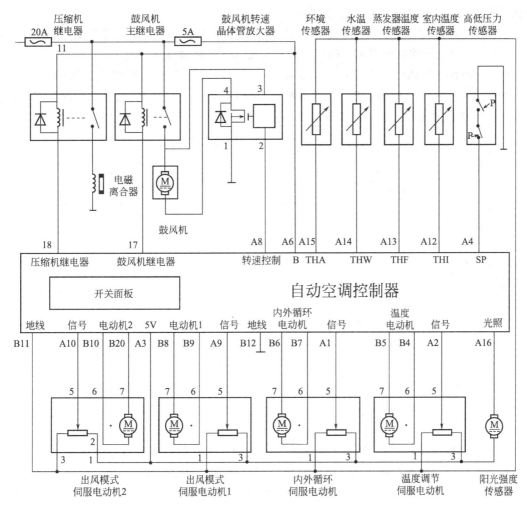

图 5-3-12　液压挖掘机自动空调控制电路

2.1　开关面板

开关面板的图示如图 5-3-13 所示，其按键的功能：

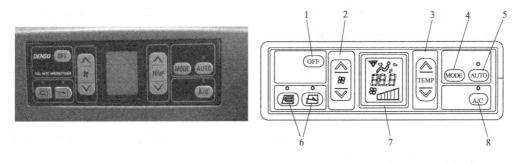

图 5-3-13　开关面板

1——OFF 空调关闭键：用于关闭鼓风机和空调压缩机的工作，同时关闭显示屏及 A/C 指示灯。

2——鼓风机风速选择键：用于增减风速。在自动（AUTO）模式下，空调 ECU 自动控制风量。同时选择风速可以开启空调。

3——TEMP 设定温度键：温度可在 18～32℃之间设定。在自动（AUTO）模式下，空调 ECU 自动控制压缩机和温度风门，使输出温度达到设定温度。

4——MODE 通风口选择键：空调系统有 4 个通风口，5 种通风模式，如图 5-3-14 所示。每按 MODE 一次即可改变一种通风模式。在自动（AUTO）模式下，空调 ECU 按内置程序自动选择通风模式。

液晶显示	通风方式	通风口				备注
		Ⓐ	Ⓑ	Ⓒ	Ⓓ	
	前、后通风 （包括除霜器通风）	○	○		(○)	—
	前、后、底部通风 （包括除霜器通风）	○	○	○	(○)	—
	底部通风			○		
	前部、底部通风 （包括除霜器通风）		○	○	(○)	不能选择自动操作
	前部通风 （包括除霜器通风）		·		(○)	不能选择自动操作

图 5-3-14　通风方式

5——AUTO 自动控制键：该模式下，AUTO 指示灯点亮，空调 ECU 根据设定温度，自动选择鼓风机风量、出风模式、内外进气模式和压缩机工作。该键还可当空调主开关用。

6——内外循环选择键：其中内循环键，说明进入蒸发箱总成的空气全部来自室内，制冷较快或外界沙尘大时使用。按下外循环键，外循环新鲜空气进风口打开，此时室内进风口不全关闭，打开三分之一左右。在自动（AUTO）模式下，由空调 ECU 自动控制内外循环模式。

7——显示屏：空调工作时，液晶屏上显示通风模式、设定温度值、鼓风机风速的图标。按 OFF 键，只显示通风模式图标。

8——压缩机控制键：用于打开或关闭空调（制冷、除湿），直接控制压缩机的工作。在关机状态下 A/C 不起作用，有风速显示，无论在手动还是自动模式下，按下 A/C 键，指示灯亮代表压缩机工作，不亮代表压缩机停止工作。

2.2　工作过程

（1）手动模式　当发动机正常运转时，按鼓风机风速选择开关 2，则 A/C 键 8 指示灯点亮（若 A/C 指示灯不亮，则按下 A/C 键）。同时液晶屏显示通风模式、风量及设定温度。

① 控制器 18 端子接通压缩机继电器线圈电路，使其触点闭合，电磁离合器线圈得电，压缩机工作；控制器 17 端子接通鼓风机主继电器线圈电路，使其触点闭合，接通鼓风电动机电路，使其按一定的转速旋转。

② 控制器接受传感器检测信号，并通过 B_5 和 B_4、B_6 和 B_7、B_8 和 B_9（或 B_{10} 和 B_{20}）输出信号，使相应的伺服电动机转动，带动翻板旋转一定的角度，实现温度调节、空气循环方式及通风模式。翻板上装有位置传感器，检测翻板旋转角度，并通过 A_2、A_1、A_9（或 A_{10}）的反馈信号，随时调整伺服电动机控制电压，以控制翻板旋转角度，满足所选通风模

式、内外循环模式的要求。

③ 手动选择风量大小、通风模式、内外循环模式，空调则按所选状态工作。其中控制器端子 A_8 输出信号给鼓风机转速放大器，调整鼓风电动机转速，实现风量大小的控制。

④ 蒸发器温度传感器检测蒸发器表面温度，当 A_{13} 端子输入信号低于设定值时，使控制器自动控制电磁离合器线圈的得电与失电，从而使压缩机开启或停止工作。通常当蒸发器表面温度 $t<0℃$，传感器检测电压 $U>2.1V$，控制器 18 号端子切断电磁离合器线圈电路，使压缩机停止工作。当传感器检测电压 $U<2V$ 时，控制器接通电磁离合器线圈电路，使压缩机工作。

⑤ 当压力不在 $0.21\sim3.2MPa$ 范围内时，高低压压力传感器动作，使控制器 A_4 端子无低电平信号输入，压缩机停止工作。

⑥ 按 OFF 键，空调系统停止工作。

（2）自动模式

① 当发动机正常运转时，按下 AUTO 键，AUTO 指示灯点亮，且 A/C 灯点亮；同时液晶屏显示通风模式、风量和设定温度。

② 按 TEMP 选择键设定温度，控制器接收各部位传感器的输入信号，自动控制风量大小、通风模式、内外循环模式和压缩机的工作。

（3）采暖　合采暖开关，控制输出电压信号，使温度伺服电动机转动。水温传感器检测发动机冷却液温度，当温度较低时，控制器 A_{14} 接收信号，鼓风机不转；当温度较高时，控制器 A_{14} 接收信号，鼓风机转动。

工作情境设置

空调不制冷的电器故障检测与排除

发动机启动后，按空调开关面板上的鼓风机风速选择开关、A/C 键或 AUTO 自动键，若电磁离合器不吸合，导致空调不制冷故障；或电磁离合器吸合，但制冷量不足。其电器故障原因通常为：鼓风电动机不转、继电器损坏、传感器故障、伺服电动机不转或控制器故障等。检测时，除借助故障码之外，还需检测相应的外围电器元件。

一、工作任务要求

1. 能正确操作空调操作面板上的各种开关。

2. 能就车识别传感器及各伺服电动机、继电器的安装位置。

3. 能根据故障现象，正确分析故障原因，并正确使用仪器、仪表检测制冷系统电器元件，判断故障部位。

4. 能正确拆装故障元件，排除制冷故障。

二、器材

工程机械、自动空调试验台、万用表、常用工具等。

三、完成步骤

1. 就车识别空调控制电路中传感器、伺服电动机等电器元件的安装位置。

2. 检查压缩机驱动带是否松弛、断裂。

3. 启动发动机，在空调开关面板上（见图 5-3-12），分别以手动、自动的方式合空调开关，调节制冷温度、风扇速度及空气出口位置，感受空调系统的制冷效果。

4. 用万用表检测空调制冷装置正常运行时，控制器各端子的信号电压参数，并记录或标注在电路图上。

5. 设置压缩机不工作，导致空调不制冷的电器故障，分析故障原因并排除故障。

故障原因：①系统工作压力不正常；②蒸发器温度过低或结霜；③控制电路故障；④线路故障；⑤ECU 故障；⑥发动机 ECU 送来关机信号。

排故方法：

查鼓风电动机是否工作 → N → 检测鼓风继电器、鼓风电动机、鼓风放大器相应端子及控制器17、A_8端子是否有电压信号，与参考值相比较，不符合则更换相应的元件或线路。

查鼓风电动机是否工作 → Y → 检测蒸发器温度传感器、高低压力传感器、压缩机继电器、电磁离合器进出线端子及控制器18、A_{13}、A_4端子是否有电压信号，与参考值相比较，不符合则更换相应的元件或线路。

6. 当压缩机工作时，设置制冷不足的电器故障，分析故障原因并排除故障。

故障原因：①出风通道通气不足；②压力不正常；③各温度传感器故障；④翻板位置传感器故障。

排故方法：

（1）观察空调控制器显示屏上故障码　具体操作：

① 按下 OFF 键，显示屏无风量、温度显示。

② 同时按下 TEMP 键的≪和≫保持 3s 以上，液晶屏显示故障码，见表 5-3-1。

表 5-3-1　故障码信息表

故障码	故障码信息	故障码	故障码信息
E--	无故障	E18	阳光强度传感器短路
E11	室内空气温度传感器断开	E21	通风口温度传感器断开
E12	室内空气温度传感器短路	E22	通风口温度传感器短路
E13	环境空气温度传感器断开	E43	通风口风挡异常
E14	环境空气温度传感器短路	E44	空气混合风挡异常
E15	水温传感器断开	E45	新鲜、再循环空气风挡异常
E16	水温传感器短路	E51	制冷剂压力异常

③ 如果检出多个故障，按 TEMP 的≪或≫键，依次显示故障码。

④ 完成故障诊断后，按 OFF 恢复正常显示，空调处于关机状态。

（2）根据故障码，检测相应元件端子电压信号，并与参考值相比较，判断其好坏。

（3）更换故障元件及线路，排除制冷量不足故障。

空调制冷系统电器元件端子检测记录表

制冷系统正常时的端子参考电压		空调不制冷的 端子检测电压		制冷量不足的 端子检测电压	
压缩机继电器	$U_{85}=$ $UA_{18}=$	$U_{85}=$ $UA_{18}=$			
	$U_{86}=$	$U_{86}=$			
	$U_{30}=$	$U_{30}=$			
	$U_{87}=$	$U_{87}=$			
电磁离合器	$U_进=$	$U_进=$			
	$U_出=$ $UA_{17}=$	$U_出=$ $UA_{17}=$			
鼓风继电器	$U_{85}=$	$U_{85}=$			
	$U_{86}=$	$U_{86}=$			
	$U_{30}=$	$U_{30}=$			
	$U_{87}=$	$U_{87}=$			
鼓风电机	$U_进=$	$U_进=$			
	$U_出=$	$U_出=$			
鼓风放大器	$U_4=$	$U_4=$		$U_4=$	
	$U_2=$ $UA_8=$	$U_2=$ $UA_8=$		$U_2=$ $UA_8=$	
环境温度传感器	$U_进=$			$U_进=$	
	$U_出=$ $UA_{15}=$			$U_出=$ $UA_{15}=$	
水温传感器	$U_进=$			$U_进=$	
	$U_出=$ $UA_{14}=$			$U_出=$ $UA_{14}=$	
蒸发器温度传感器	$U_进=$	$U_进=$			
	$U_出=$ $UA_{13}=$	$U_出=$ $UA_{13}=$			
室内温度传感器	$U_进=$			$U_进=$	
	$U_出=$ $UA_{12}=$			$U_出=$ $UA_{12}=$	
高、低压力传感器	$U_进=$	$U_进=$			
	$U_出=$ $UA_4=$	$U_出=$ $UA_4=$			
阳光温度传感器	$U_进=$			$U_进=$	
	$U_出=$ $UA_{16}=$			$U_出=$ $UA_{16}=$	
空调控制器	$UA_2=$			$UA_2=$	
	$UB_4=$			$UB_4=$	
	$UB_5=$			$UB_5=$	
	$UA_1=$			$UA_1=$	
	$UB_6=$			$UB_6=$	
	$UB_7=$			$UB_7=$	
	$UA_9=$			$UA_9=$	
	$UB_8=$			$UB_8=$	
	$UB_9=$			$UB_9=$	
	$UA_{10}=$			$UA_{10}=$	
	$UB_{10}=$			$UB_{10}=$	
	$UB_{20}=$			$UB_{20}=$	
	$UA_3=$			$UA_3=$	

注：A、B 分别指检测控制器的端子。

习 题

1. 说明空调系统电磁离合器的结构组成及工作过程。

2. 空调系统中，压力开关有哪几种？各起什么作用？

3. 根据图 5-3-5 所示，分析电子式温度控制电路的工作原理，并说明蒸发器温度传感器的作用。

4. 根据图 5-3-7 所示的冷凝风扇、散热器风扇的连接方式，设计根据制冷系统压力自动改变风扇电动机转速的控制电路图。

5. 根据图 5-3-10 所示，说明鼓风电动机变速的工作方式。

6. 空调系统中为什么采用发动机怠速提升控制？

7. 根据图 5-3-12 所示的液压挖掘机自动空调控制电路，说明压缩机继电器、鼓风继电器、蒸发器温度传感器、伺服电动机、翻板位置传感器等电器元件的作用。

8. 自动空调中，压缩机的工作与否受哪些电器元件信号控制？

9. 说明查询空调控制器显示屏上故障码的操作步骤。

10. 总结说明空调不制冷的故障原因有哪些？

项目6

■工程机械整车电路分析

【知识目标】
  1. 能认识电路中电器元件的符号。
  2. 能描述机械组合电路的工作原理。

【能力目标】
  1. 能读懂不同工程机械的电路组合图。
  2. 能根据工程机械出现的电器故障现象，正确判断故障元件，并更换。

【先导案例】
  工程机械作业时，出现各类电器故障现象，若要排除，关键在于识图。不同类型的工程机械因性能、结构特点不同，其电器电路和控制方式有很大差异。而在做售后技术服务时，各机械的电器参考电路通常是以整机电路的形式表现，因此能正确分析各类机械整机电路的工作过程，是检测、排除机械电器故障的关键。

1 推土机的整车电路分析

如图 6-1-1 所示，以山推 SD13 推土机的整机电器电路为例，该电路由电源电路、启动电路、照明转向电路、喇叭电路、仪表报警电路及空调电路等组成，其工作过程：

1.1 电源电路

当启动开关（11）置于"ON"挡时，一路使蓄电池继电器（10）线圈得电，常开触点闭合：

① 提供供电电源，同时电子监控器（12）的充电指示灯点亮。

② 提供启动继电器（20）常开触点电源。

③ 提供启动机（23）B 端子电源，并通过发电机（27）B 端子、电阻（28）、发电机 D 端子提供发电机励磁电流，实现他励。

其中供电电流回路：

蓄电池"＋"→20A 熔断器→启动开关 B_2、M 端子→蓄电池继电器（10）线圈→搭铁。

另一路使继电器（22）线圈得电，常开触点闭合，提供电源，为启动做准备。其中停车电磁铁 L_2 线圈的电流回路：

蓄电池"＋"→蓄电池继电器（10）常开触点→5A 熔断器→继电器（22）常开触点→停车电磁铁（26）L_2 线圈→搭铁。

1.2 启动电路

当空挡开关（24）置于空挡，启动开关（11）置于"ST"挡时：

① 通过启动开关的 G2 端子，使启动继电器（20）线圈得电，常开触点闭合，提供启动

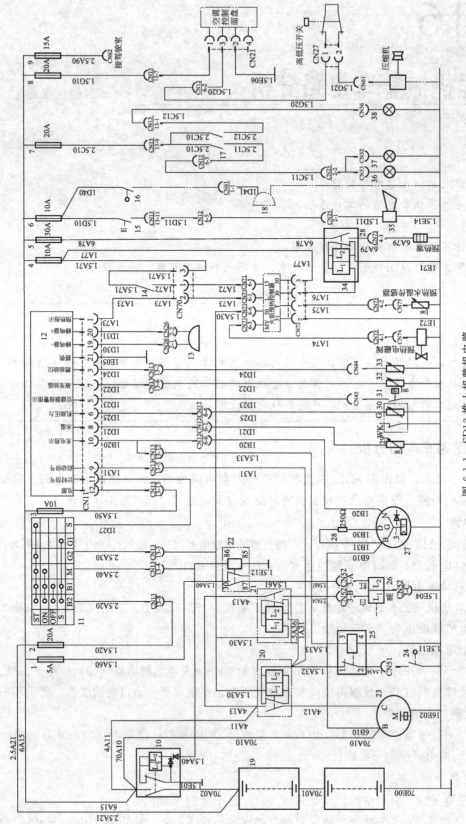

图 6-1-1　SD13 推土机整机电路

1～9—保险；10—蓄电池继电器；11—启动开关；12—电子监控器；13—蜂鸣器；14—预热开关；15—喇叭开关；16—倒车开关；17—灯开关；18—倒车蜂鸣器；19—蓄电池；20—启动电机；21—停车继电器；22—继电器；23—启动电器；24—空挡开关；25—安全继电器；26—停车电磁铁；27—发电机；28—电阻；29—水温传感器；30—压力传感器；31—空滤传感器；32—油温传感器；33—液位传感器；34—预热继电器；35—喇叭；36—左前照灯；37—右前照灯；38—后灯

机（23）C 端子的控制电压，使启动机转动，发动机启动；电流回路为：

蓄电池"＋"→20A 熔断器→启动开关 B2、G2 端子→启动继电器（20）线圈→安全继电器（25）常闭触点→空挡开关（24）→搭铁。

② 同时使停车继电器（21）线圈得电，常开触点闭合，使停车电磁铁（26）的 L1 线圈得电，油拉杆打开，提供燃油。电流回路：

蓄电池"＋"→20A 熔断器→启动开关 B2、G2 端子→停车继电器（21）线圈→安全继电器（25）常闭触点→空挡开关（24）→搭铁。

③ 同时通过启动继电器的线圈，给电子显示器输入启动信号，使小时计开始计时。

④ 启动同时，给火焰预热控制器 50 端子输入预热信号，控制器的 T 端子根据预热水温传感器检测冷却液温度的信号，确定预热装置是否启动。当检测温度较低时，控制器端子 4 输出信号，使预热继电器（34）线圈得电，常闭触点闭合，接通预热塞电路，实现自动预热，且电子显示器预热指示灯点亮。

同时预热控制器 MV 端子输出信号，接通预热电磁阀线圈，提供火焰预热器燃油，实现自动预热。

当温度达到规定值时，预热控制器切断预热电路，预热自动停止，预热指示灯熄灭。

⑤ 当冬季启动发动机时，由于环境温度较低，启动时，必须预热。合预热开关（14），控制器 15 端子接受预热信号，启动预热电路。

⑥ 发动机启动后，发电机（27）发电。

a. 输出电压通过 B 端子、启动机 B 端子、蓄电池继电器给用电负荷供电，并给蓄电池充电。

b. 中性点 N 输出电压给电子监控器（12），使充电指示灯灭；同时提供安全继电器（25）线圈电流，使其常闭触点打开，启动继电器（20）线圈失电，启动机控制端子 C 失电，启动机停转，完成发动机启动。电流回路：

发电机"N"→安全继电器（25）线圈→搭铁。

1.3 仪表报警电路

发动机启动后，电子监控器（12）分别接受水温传感器（29）、压力传感器（30）、空滤传感器（31）、油温传感器（32）、液位传感器（33）的检测信号，在显示冷却液温度、机油压力、液力变矩器油温、燃油油位的同时，并在冷却液温度过高、油压过低、空滤堵塞、液压油油温过高、燃油油位过低时相应的警告灯点亮，且蜂鸣器（13）鸣响。

1.4 喇叭、倒车电路

合喇叭开关（15），接通喇叭电路。合倒车开关（16），接通倒车蜂鸣器（18）电路。

1.5 照明电路

合灯开关（17），通过 20A 熔断器（7）接通左前照灯（36）、右前照灯（37）、后灯（38）的电路。

1.6 空调电路

发动机启动后，合空调开关，通过空调控制面板端子 3、高低压压力开关接通电磁离合器电路，使压缩机工作，实现机械制冷。

2 液压挖掘机的整机电路分析

如图 6-1-2 所示，以小松 PC 200-7 液压挖掘机的整机电路为例，该电路由电源电路、

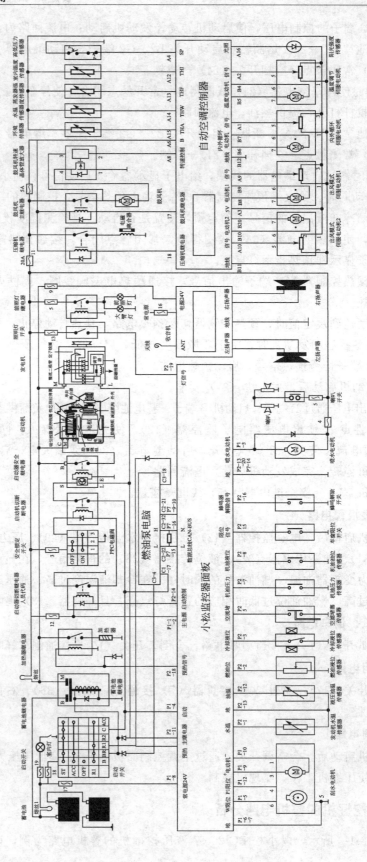

图 6-1-2　小松 PC200-7 液压挖掘机整机电路

启动电路、照明转向电路、喇叭电路、仪表报警电路及空调电路等组成，其工作过程：

2.1　电源电路

蓄电池负极搭铁，正极出线为：①到蓄电池继电器的"B"端子；②提供室内灯电源；③到启动开关"B"端子；④提供控制器电源。

当启动开关置于任一挡位，通过"BR"端子使蓄电池继电器线圈得电，触点"B、M"闭合，给用电器提供电源。

发电机发电后，通过其"M"端子给用电设备供电，并通过蓄电池继电器的触点给蓄电池充电。同时，通过发电机的"L"端子输出电压使蓄电池继电器线圈可靠得电，保证触点"B、M"可靠闭合，且给控制器提供发电信号，使充电指示灯熄灭。

2.2　预热电路

当启动开关置于"R1"挡（预热挡）时，控制器通过开关的"R1"端子得预热信号后，输出预热信号电压，使加热继电器的线圈得电，其触点闭合，加热器得电而工作，加热吸入发动机内的冷空气。当开关置于其他挡位时，"R1"端子的预热信号切断，则控制器切断加热继电器线圈电路，预热停止。

2.3　启动电路

① 启动时，首先将安全锁定开关置于"ON"挡位，给启动机切断继电器线圈提供电源；合启动开关于"ST"挡，端子"C"得电；一路给控制器提供启动信号，使启动器切断继电器线圈，通过控制器启动控制端子搭铁而形成回路，其触点闭合，接通启动机切断继电器的线圈电路。电流回路为：

a. 蓄电池"＋"→启动开关 B、C 端子→控制器的启动端子。

b. 蓄电池"＋"→蓄电池继电器 B、M 端子→熔断器→启动器切断继电器线圈→控制器启动控制端子→搭铁"－"。

c. 蓄电池"＋"→蓄电池继电器 B、M 端子→熔断器→安全锁定开关 1、3 端子→启动机切断继电器线圈→启动器切断继电器触点→搭铁"－"；

② 启动机切断继电器触点闭合，提供启动器安全继电器内晶体管的触发电压，使晶体管导通，启动安全继电器的线圈得电，其触点闭合，则启动机的"C"端子得电，启动机转动；电流回路为：

蓄电池"＋"→启动开关 B、C 端子→启动机切断继电器触点→晶体管→搭铁"－"。

③ 同时燃油泵电脑接收启动信号，使节气门打开供油。

④ 发动机启动后，启动开关的"ST"挡自动复位，同时安全锁定杆置于"OFF"挡位，使启动器安全继电器的"S"端子失电，则启动机的控制端子"C"失电，启动机停转。

⑤ 发电机发电后，随着"L"端子电压的升高，启动器安全继电器的"L"端子的电位逐渐升高，则晶体管可靠截止，线圈失电，触点断开。机械在作业时，即使发生误操作，使启动器安全继电器的"S"端子再次得电，但由于晶体管的截止，使启动机"C"端子无法得电，从而保护启动机。

2.4　照明电路

合照明灯开关，前照灯继电器的线圈得电，触点闭合，使大臂灯和前照灯点亮；同时控制器接收照明灯开关闭合信号，使照明灯信号指示灯点亮。

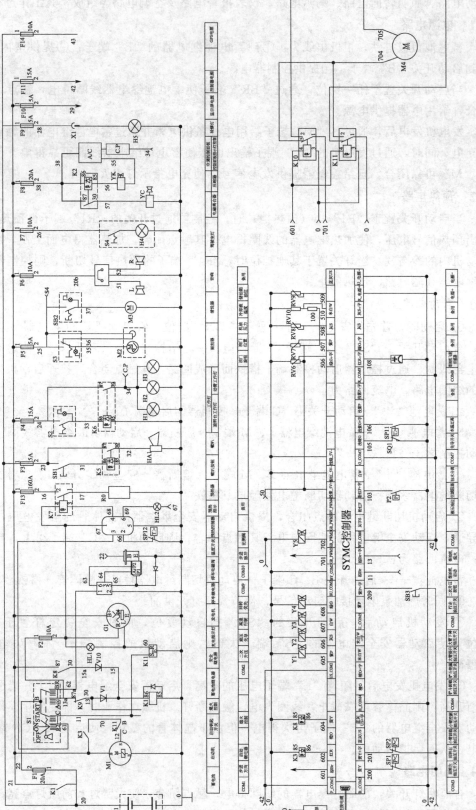

图 6-1-3 液压挖掘机电气控制电路

2.5　其他电路

　　① 喇叭电路：合喇叭开关，则接通电喇叭电源，使其鸣响。

　　② 刮水电路：合刮水开关与不同的挡位，控制器给刮水电动机提高不同的端电压，实现其不同的功能。

　　③ 喷水电路：合喷水开关，控制器接收信号后，接通喷水电动机的搭铁线路，实现洗涤功能。

　　④ 报警电路：控制器接收各传感器（发动机水温传感器、液压油油温传感器、燃油液位传感器、空滤堵塞传感器等）检测的电压信号，当不符合要求时，接通相应的报警指示灯电路，使警告灯点亮，以提醒操作人员。

■ 习　题

　　分析图 6-1-3 所给液压挖掘机电气控制电路的工作过程。

项目7

电气的安全技术

【知识目标】

1. 能描述电网、发电机机组的组成及供电方式。

2. 能描述触电后的急救方法。

3. 能描述用电设备检修时的安全措施。

4. 能描述用电设备防触电的安全保护措施。

【能力目标】

1. 能按操作顺序，正确操作发电机机组、用电设备的开关。

2. 能正确安装用电设备的安全保护装置。

3. 能正确操作电器设备维修时的安全保护措施。

4. 能正确采取触电急救。

【先导案例】

工程机械做维护作业时，通常需操作切割机、电焊机、手持电钻、行车及柴油发电机等低压用电设备。为防止触电事故发生，电气设备的运行、维护完全执行电气安全规程所要求的保证工作安全的技术措施和组织措施，且作业时严格遵守电气安全操作规程。那么如何保证所用电气设备的安全？如何实施电气设备的安全检修？如何实施意外触电后的急救呢？回答以上问题必须了解如下几方面的内容。

1 电网供电及发电机机组

1.1 电网供电

根据能量转换，电能是由其他形式的能（热能、机械能、原子能等）经发电机后转化而成。发电厂的发电机组输出的 6.3kV、10.5kV、最高不超过 20kV 的三相交流电，必须通过传输、配电后才能转化为 $U = 220/380V$、$f = 50Hz$ 的三相交流电，从而被低压用电设备使用。其电能的传输、配电流程如图 7-1-1 所示。

电网中发电机输出的电压需经高压传输，是因为当输送一定功率的电能时，电压越低，则电流越大，电能有可能大部分消耗在输电线的电阻上。因此电压进行远距离输送时，采用升压变压器升压，以降低输送电流，减少输电线路损耗，且不增加导线截面即可实现远距离传输。

用电设备所使用的低压，经降压变压器降压后，以三相四线制或三相五线制（a、b、c 三相火线、零线、接地保护线）的方式，提供给用电设备。其降压变压器的接线原理如图 7-1-2 所示。

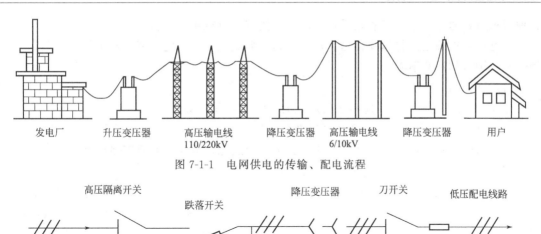

图 7-1-1　电网供电的传输、配电流程

图 7-1-2　降压变压器接线原理图

其中高压隔离开关：将电气设备与带电的电网隔离，以保证被隔离的电气设备安全进行检修时有明显的断开点。

跌落开关：用于 10kV、50Hz 的送、配电线路及配电变压器进线侧作短路和过载保护。在一定条件下可分断与关合空载架空线路、空载变压器和小负荷电流。

阀型避雷器：对电气设备进行过电压保护，使其避免遭受直击雷以及防止过电压击穿绝缘。

刀开关：用于配电设备中隔离电源，也可用于不频繁接通和分断额定电流以下的负载。

该供电系统在断电操作时：必须先断开低压用电负荷，防止电弧产生。以图 7-1-2 为例，按从右向左的次序依次断开；送电时正好相反。

1.2　发电机组

远离电网的工程机械现场维修或大修厂电网停电时，用电设备的供电方式主要以柴油机为原动力的交流发电机组（见图 7-1-3），其输出电压 $U_N = 400V$，$f_N = 50Hz$，且由柴油发动机、三相同步发电机和开关屏三大部分组成。

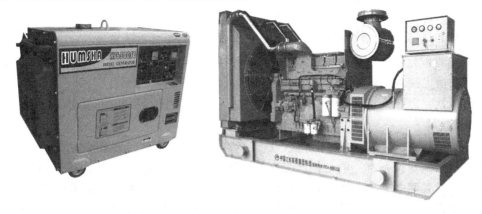

图 7-1-3　柴油发电机

其中开关屏上设有配电装置、电压表、电流表、功率因素表、频率表、功率表等仪表和

各种指示灯，通过这些仪表和指示灯，能随时监测发电机组的运行状态。

发电机组铭牌上的技术指标为：额定电压、额定电流、额定功率、额定频率、额定功率因数。使用时的注意事项：

（1）开机前

① 在启动发电机组前，应清洁机组表面，清除各种异物。

② 检查柴油机、发电机、开关屏以及各种附件的固定、连接是否可靠；风扇传动带的张紧度是否合适；电刷装置的调整弹簧的弹力是否适当；蓄电池是否充足电等。

（2）启动

① 启动时间不超过10s，且启动后特别注意机油压力表的读数，无指示应停机检查。

② 柴油机运转后，由空载转速逐渐增加到额定转速，整定机组的频率为额定值，电压为额定值。

③ 机组在额定转速、额定电压空载状态下，待柴油机发动机的冷却液温度、油温达到规定值时，方可向负载供电，且负荷应逐渐增加；停机时应逐渐减小负荷至零，然后停机，避免机组负载突然变化。

（3）运行

① 观察各仪表读数应在规定范围内，三相电压、电流指示值应对称，特殊情况下相电流的不对称量应不超过额定值的20%。

② 避免柴油发电机组慢速重载、超速和长时间低速运转。

③ 不允许柴油发电机组超负载和三相负载严重不对称运行。

2 电气设备的安全保护措施

电气设备的金属外壳在正常情况下绝缘，安装时常采用接地和保护接零的安全措施，防止人体接触偶然带电的外壳而引起触电事故的发生。

接地是把设备或线路的某一部分通过接地装置与大地连接起来。接地分为：

（1）临时接地 包括检修接地、故障接地。

检修接地是检修设备、线路时，除切断电源外，还要临时将检修设备或线路的导电部分与大地连接起来，以防发生误合闸等意外情况造成触电事故。

故障接地是指带电体与大地之间发生意外的连接。

（2）固定接地 包括工作接地、安全接地、保护接地。

工作接地：维持系统正常安全运行的接地。如变压器中性点的接地。

安全接地：为防止触电、雷击、爆炸、辐射等危害而实施的接地。包括：保护接地、防雷接地、防静电接地、屏蔽接地。

保护接地：把在故障情况下可能存在危险电压的金属外壳部分同大地连接起来。

2.1 保护接地

保护接地接线方式如图7-1-4所示，适应于三相三线制中性点不接地的电力系统中。采取保护接地措施的设备有：电动机、变压器、开关设备、配电箱、接线盒等设备的金属外壳。为限制设备漏电时外壳对地电压不超过安全范围，要求保护接地电阻 $R \leqslant 4\Omega$。

若用电设备的一相与外壳相碰，且人体触及外壳时，因接地装置与人体并联，使电流大部分通过接地装置流入大地，且接地电阻越小，流经人体的电流越小，从而避免人体触电的危险。

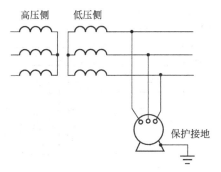

图 7-1-4 保护接地

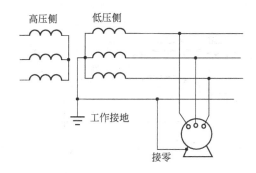

图 7-1-5 保护接零

2.2 保护接零

在通常采用的 380/220V 三相四线制，变压器的中性点直接接地的系统中，普遍采用保护接零作为技术上的安全措施。保护接零，简单地讲就是把电器设备在正常情况下不带电的金属部分与电网的零线紧密地连接起来。其接线方式如图 7-1-5 所示。

中性点直接接地的系统中，若设备上不采用保护措施，人体触及漏电设备时，则将承受 220V 的相电压，造成触电危险。电气设备保护接零后，当某相带电部分触及外壳时，通过设备外壳形成该相线与零线之间的短路，使线路上的继电保护装置动作，切断电源。

注意：

① 保护接零的导线一般不小于相线截面的 1/2。

② 所有电气设备的保护接零线，均应以并联的方式接在零线上，不许串联，且连接牢固、可靠。

③ 零线上禁止安装熔断器或单独断流的开关。

2.3 重复接地

将零线上的一处或多处通过接地装置与大地再次连接，称为重复接地，如图 7-1-6 所示。重复接地的作用是：

① 降低漏电设备的对地电压。

② 减轻零线断线的危险。若无重复接地时，零线一旦断线，且断线处后面的设备漏电，则漏电设备处零线上的对地电压将接近于相电压，人一旦触及则有触电危险。有重复接地，漏电处的零线对地电压将小于相电压，所以触电的危险性减小。

③ 缩短故障持续的时间。因重复接地与工作接地构成零线的并联分支，所以当发生短路故障时，能增加短路电流，加速了短路器的动作。

2.4 漏电保护装置

漏电保护装置的作用主要是防止漏电引起触电事故和防止单相触电事故。国家明确规定：所有手持电动工具都必须安装漏电保护装置。

设备漏电时，会出现两种异常情况：一是三相电流的平衡破坏，出现零序电流，即：$i_0 = i_a + i_b + i_c$；二是设备正常时不带电的金属部分出现对地电压，即：$U_a = I_0 R_d$（A 相碰壳，R_d 为接地电阻）。漏电保护装置就是通过检测机构取得以上两种不正常信号，经中间机构的转换，使执行机构动作，通过开关设备切断电源。通常漏电保护装置可分为：电流型漏电保护装置（零序电流型、泄漏电流型）、电压型漏电保护装置，但常用的为电流型漏电保护装置。其工作原理图如图 7-1-7 所示。

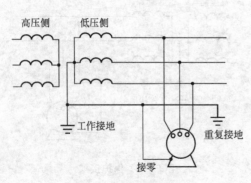

图 7-1-6　重复接地

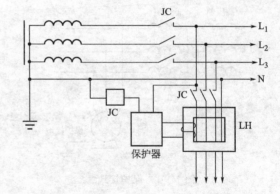

图 7-1-7　电流型漏电保护装置工作原理图

其中 LH 为剩余电流互感器，反映漏电电流信号，构成整个装置的检测部分。其上绕有二次侧线圈，电源线 L_1、L_2、L_3、N 从 LH 中穿过，构成其一次侧绕组。JC 为接触器，构成装置的执行部分。

当电路正常时，各相电流的向量和为零，即：

$$i_a + i_b + i_c = i_N = 0$$

同时各相电流在 LH 铁芯中所产生的磁通向量和也为零，即：

$$\Phi_a + \Phi_b + \Phi_c = 0$$

这样在 LH 的二次回路中无感应电势，漏电装置不动作。

当电路发生漏电故障时，回路中有漏电电流流过，这时穿过 LH 的三相电流之和不为零，产生的磁通量不为零，即：

$$i_\Delta = i_a + i_b + i_c \qquad \Phi_\Delta = \Phi_a + \Phi_b + \Phi_c$$

这样在 LH 的二次回路中产生感应电势，此电压通过保护器放大，使交流接触器 JC 动作，则自动开关跳闸，切断电路。

若将零序电流互感器、漏电脱扣器和自动开关组装在一个绝缘外壳中，便组成同时具备检测、判断和分断电路功能的漏电保护装置，称为漏电保护开关。该开关安装在手持电动工具的供电回路上，使漏电电流为 30mA 时，在 0.1s 内动作，切断电源电路，以保证人身安全。

3　电气设备操作的安全措施

为防止触电事故发生，除电气设备做必要的安全保护外，电气作业人员在操作时，必须落实保证安全的技术措施和组织措施。

电气检修工作，可分为停电工作、不停电工作和带电工作等。若直接在电气设备上或在其附近进行工作而必须将该带电设备脱离电源的，称为停电工作；若在带电设备的无电部分或除一次回路以外的其他回路上进行工作，而工作本身无需将一次设备脱离电源且没有偶然触及导电部分的危险，称为不停电工作；带电作业是指采用一定的绝缘工具或采用等电位作业方式等，直接在带电设备上进行的工作。通常电气设备的维修在断电的情况下进行。

3.1　停电作业的安全技术措施

安全技术包括停电、验电、装设接地线、悬挂标示牌和装设遮拦等。

（1）停电　将停电设备可靠脱离电源，即必须正确地将有可能给停电设备送电或向停电设备倒送电的各方面电源断开。且断开电源，必须有明显的断开点，对一经合闸就可送电到停电设备的刀闸操作把手必须锁住。

（2）验电　验电是指验证停电设备是否确无电压。验电必须采用电压等级合适且合格的验电器，用低于设备额定电压的验电器进行验电时对人体将产生危险；用高于设备额定电压的验电器进行验电，可能造成误判断，且也会对人身安全造成危险。

（3）装设接地线　装设接地线主要是对突然来电进行防护。其作用是既可将停电设备上的剩余电荷泄放入大地，又可当突然出现来电时，将电源开关迅速跳开。装设接地线应遵循一定的原则，对于可能送电到停电设备的各个电源侧，均应装设接地线，以做到从电源侧看过去，工作人员均在接地线的保护下进行维修工作。

装设接地线包括合接地刀闸和悬挂临时接地线，分三相短接部分和集中接地部分，装设接地线后实现停电设备三相短接后再集中统一接地。

（4）悬挂标示牌和装设遮栏　要求在一经合闸即可送到设备的开关和刀闸的操作手柄上悬挂"禁止合闸，有人工作"的标示牌，防止因误操作而错误地向有工作的设备合闸送电。

3.2　停电作业的安全组织措施

安全组织措施包括工作票制度、工作许可制度、工作监护制度、工作间断、转移和工作终结等制度。

（1）工作票制度　工作票是准许在电气设备上工作的书面命令，通过工作票可明确安全职责，履行工作许可、工作间断、转移和终结手续，以及作为完成其他安全措施的书面依据。凡在电气设备上进行工作，必须填写工作票。

工作票通常有两种，凡在高压设备或电气回路上工作，需将高压设备停电的需填写第一种工作票；进行带电作业或在其他电气回路上工作无需将高压设备停电的则可填写第二种工作票。

工作票必须专人签发，一式两份，其中一份由工作负责人保存，作为进行工作的依据；另一份由工作许可人或工作票签发人保存。

（2）工作许可制度　在电气设备上进行工作，必须事先征得工作许可人的许可，未经许可，不准擅自进行工作。工作许可人必须确知设备已按要求转入检修，才允许发出许可工作的命令，严禁约定时间停送电。

填写的工作许可单应写明工作起止时间、工作地点、工作内容、工作班组数量名称及各班组停送电联系人姓名等。

（3）工作监护制度　该制度可使工作人员在工作过程中，得以受到监护人一定的指导与监督，及时纠正不安全的动作和其他错误做法。

（4）工作间断、转移和工作终结制度　该制度规定当天内的工作间断，间断后继续工作无需再次征得许可。而对隔日的工作间断，次日复工，则应重新履行工作许可手续。

工作终结制度是为了防止向有人工作的设备错误地合闸送电的制约措施，是工作许可制度的结束。在全部工作完毕后，工作负责人应做周密地检查，撤离工作人员，并会同值班人员对设备的状况，现场清洁卫生工作以及有无遗留物件等进行检查，然后双方在工作票上签字，即可认为工作终结。工作票应在值班人员拆除工作地点的全部接地线，并经值班负责人签字后方可终结。

4　触电及触电防护

触电事故是人体触及带电体的事故，在电气事故中最为常见。从本质上看，触电是电流对人体的伤害，可分为电击和电伤。

电击是电流通过人体内部，破坏人的心脏、神经系统、肺部的正常工作从而造成的伤害。电伤是电流的热效应、化学效应或机械效应对人体外部造成的局部伤害，包括电弧烧伤、烫伤等。触电形式有三种：单相触电、两相触电和跨步电压触电。其中：

单相触电是指人体在地面或其他接地体上，人体的其他某一部位触及一相带电体的触电事故。

两相触电是指人体两处同时触及两相带电体的触电事故，危险性一般比较大。

跨步电压触电是指人体在接地点附近，由两脚之间的跨步电压引起的触电事故。如高压故障接地处或有大电流流过的接地装置附近，易出现较高的跨步电压。

4.1 电流对人体的作用

电流通过人体内部，对人体的伤害的程度与下列因素有关：

（1）与电流的大小有关　电流通过人体，会有麻、疼感觉，随着电流的增加，还会引起颤抖、剧痛、呼吸窒息、心脏停跳等症状。通过人体的电流越大，致命的危险越大。

对于 50mA 以下的直流电流通过人体时，人可以自己摆脱，可看作是安全电流；对于工频交流电，电流可分为三级：

① 感知电流。感知电流是引起人感觉的最小电流。通常成年男性：$I_感 = 1.1mA$；成年女性：$I_感 = 0.7mA$。

② 摆脱电流。摆脱电流是人触电后能自己摆脱电源的最大电流。通常成年男性：$I_摆 = 9 \sim 16mA$；成年女性：$I_摆 = 6 \sim 10.5mA$。

③ 致命电流。致命电流是指在较短的时间内危及生命的最小电流。通常不超过数百毫安。

（2）与通电时间的长短有关　通电时间越长，越容易引起心室颤动，同时人体的电阻因出汗等原因而下降，导致通过人体的电流进一步增加，电击的危险性加大。

（3）与电流的途径有关　电流通过心脏、中枢生神经、头部、脊髓或从手到胸部、从手到手、从手到脚等，都会导致死亡。

（4）与电流的种类有关　电流种类不同，对人体的伤害程度不同。直流电流、高频电流、冲击电流对人体都有伤害作用，其伤害程度一般较工频电流为轻。

电流频率不同，对人体的伤害程度不同。20～300Hz 的交流电流对人体的伤害最为严重；1000Hz 以上，伤害程度明显减轻，但高压高频也有电击致命的危险。

雷电和静电都能产生冲击电流，引起肌肉强烈收缩，给人以冲击的感觉。

（5）与人体的状况有关　不同的人因身体条件不同，对电流的敏感程度及通过同样电流的危险程度都不完全相同。如女性对电流较男性敏感，其感知电流、摆脱电流比男性约低1/3；小孩的摆脱电流较低，遭受电击时比成人危险；人体患有心脏病、结核病等或酒醉，受电击伤害的程度较严重。

4.2 安全电压

安全电压是防止触电事故的基本措施之一，是低压电气安装方面的一个基准值。国标（GB/T 3805—1993）规定安全电压标准为：为防止触电事故而采用的由特定电源供电（双隔离变压器）的电压系列。这个电压的上限值在正常和故障的情况下，任何两导体间或任一导体与地之间均不得超过电压有效值 50V。

目前我国的安全电压额定值共分为：42V、36V、24V、12V、6V 五个等级。其中：

42V 适用于有触电危险场所的手持电动工具等用电设备；36V 适用于手持行灯、危险环境的局部照明、高度不足 2.5m 的照明灯；24V 及以下等级适应于工作地点狭窄、行动不便、周围有大面积的接地导体的环境（如金属器内、隧道、矿井内）的手持行灯及用电设备。

4.3　触电急救

人触电后能否获救，取决于脱离电源的快慢和脱离电源后的正确急救。

4.3.1　脱离电源

（1）低压触电事故的脱离电源方法

① 立即断开触电地点附近的电源开关、电源插销。

② 用带有绝缘柄的电工钳或有干燥木柄的斧头切断电线，或用干燥木板等绝缘物插入触电者身下，以切断电流。

③ 当电线搭落在触电者身上，可用干燥的衣服、手套、木棒等绝缘物拉开触电者或拨开电线。

④ 如果触电者的衣服干燥，又没有紧缠在身上，可用一只手抓住他的衣服，使其脱离电源。

（2）高压触电事故的脱离电源方法

① 立即通知有关部门停电。

② 戴绝缘手套、穿绝缘鞋，用相应电压等级的绝缘工具拉开开关。

③ 抛掷裸金属线，使线路断路接地，迫使保护装置动作，断开电源。

注意事项：

① 救护人不可直接用手或其他金属、潮湿物件作为救护工具，必须用绝缘工具，且救护时最好用一只手操作，以防自身触电。

② 应防止触电者脱离电源后的可能摔伤。

③ 若触电事故发生在夜间，应迅速解决临时照明，以利于抢救，避免事故扩大。

4.3.2　现场急救

现场急救的主要方法为人工呼吸法和胸外挤压法。

（1）对症救护

① 若触电者伤势不重，神志清醒，未失去知觉，但心慌、四肢麻木、全身无力，则保持空气流通和温暖，使触电者安静休息，不要走动，严密观察，并请医生诊治或送往医院。

② 若触电者伤势较重，失去知觉，但心脏跳动，呼吸还存在，除采取上述措施外，应使空气流通，解开其衣服以利于呼吸，且要注意保暖。

③ 若触电者伤势严重，呼吸停止或心脏跳动停止，应立即采用人工呼吸或胸外挤压，并迅速请医生诊治或送往医院。

（2）人工呼吸法　对于有心跳而呼吸停止的触电者，以口对口（鼻）的人工呼吸法效果最好。急救时，应使触电者仰卧，使其头部充分后仰（最好一只手托在触电者颈后），鼻孔朝上，如舌根下陷，应把它拉出来，以利呼吸道畅通。实施时向触电者口内吹气约 2s，其自行呼气约 3s，每次重复应保持均匀的时间间隔（约 5s），直至触电者苏醒为止。

（3）胸外挤压法　对于有呼吸而心脏停跳或心跳不规则的触电者，应立即采用胸外挤压法进行抢救。实施时，成人应压陷 3～4mm，每秒钟挤压一次，每分钟挤压 60 次为宜。对于儿童，以每分钟挤压 100 次为宜。

一旦呼吸和心脏跳动都停止，两种方法应交替进行，每吹气 2～3 次，再挤压 10～15

次，且吹气和挤压的速度都应提高一些，以不降低抢救效果。

（4）外伤处理　若触电人受外伤，可用无菌生理盐水和温开水洗伤，再用干净绷带或布类包扎，然后送医院处理。

工作情境设置

柴油发电机组的启动及触电后的急救

电网的送电或停电是由持有"特种作业人员操作证"的电气人员来完成。但工程机械现场维修时，若由柴油发电机组提供电源，其操作及安全使用则尤为重要。

一、工作任务要求

1. 能做好发电机组启动前的准备工作。

2. 能正确启动柴油发电机组，使其供电参数满足用电设备要求。

3. 能根据仪表正确判断机组的运行情况。

4. 能正确完成停机操作。

5. 会处理机组漏电而导致人员触电的急救工作。

二、器材

柴油发电机组、万用表、手持电动工具、常用工具等。

三、完成步骤

1. 观察柴油发电机组的铭牌，并记录其参数；其中柴油发电机组型号编制方法为：

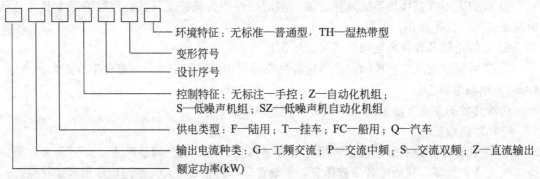

环境特征：无标准—普通型，TH—湿热带型

变形符号

设计序号

控制特征：无标注—手控；Z—自动化机组；
S—低噪声机组；SZ—低噪声机自动化机组

供电类型：F—陆用；T—挂车；FC—船用；Q—汽车

输出电流种类：G—工频交流；P—交流中频；S—交流双频；Z—直流输出

额定功率（kW）

2. 观察柴油发电机组所采用的安全保护方式。

3. 认识柴油发电机组的结构组成。

4. 检查柴油发电机组的燃油、机油、冷却液是否短缺，并加注。

① 选用的柴油牌号应比实际使用的环境温度低 5～10℃ 为宜。

② 机油的选用：冬季用 8 号柴油机油，夏季用 11 号柴油机油。

③ 冷却液通常应坚持用软水，禁止用含有矿物质的硬水，防止水垢生成，影响冷却效果。

5. 检查柴油机、发电机、开关屏以及各种附件的固定、连接是否可靠；风扇传动带的张紧度是否合适；电刷装置的调整弹簧的弹力是否适当；蓄电池是否充足电等。

6. 启动柴油发电机组，其操作步骤如下：

① 打开燃油箱开关。

② 抽动输油泵手柄，排除喷油泵低压油路中的空气。

③ 将调速器操作手柄置于"启动"位置，合电源开关，置启动开关于启动挡，启动柴油机。

④ 观察柴油机各仪表读数，如水温表、机油压力表。

⑤ 柴油机运转 3～5min 后，增加其转速至额定转速。

⑥ 逐渐增加负荷，转动励磁电压调节手柄，使电压表的读数逐渐升高到 400V，频率表的读数为 50Hz。

⑦ 合供电电源开关，提供用电设备电源。

7. 观察柴油发电机组的各种仪表、指示灯，使仪表指示在规定范围之内，且电流在"0～I_{max}"之间变动，三相电压、电流指示值应对称，且相电流的不对称量不超过额定值的 25%。

8. 停机，且停机的步骤：

① 先断开用电设备电源开关，再断开柴油发电机组的供电开关。

② 转动调压手柄，使电压调到最低值。

③ 逐渐减小柴油机节气门开度，使其转速降低，再将调速器上的油量控制手柄置于"停车"位置，使柴油机熄火。

④ 断开蓄电池供电开关。

9. 若手持电动工具在使用过程中发生漏电事故，导致使用者发生触电事故，练习使其脱离电源的方法及触电后的急救。

柴油发电机组的运行记录表

柴油发电机组的型号							
型号的意义							
机组安全保护方式							
运行参数	冷却液温度	油压	额定转速	额定电压	电流	功率	功率因素

■ 习 题

1. 供电电网由哪几部分组成？电网为什么用高压输送电能？

2. 常用降压变压器的一次侧高压等级有哪几种？低压供电的配电方式有哪几种？

3. 电网的断电操作必须注意什么？

4. 柴油发电机组在使用时应注意什么？

5. 什么是接地？接地通常分那几种类型？

6. 用电设备的接地保护有哪几种？各有什么特点？

7. 什么是漏电保护开关？并根据图 7-1-6 说明其工作原理。

8. 停电作业的安全组织措施和安全技术措施有哪些？在各项操作时应注意什么？

9. 什么是触电？具体说明人体触电的方式有哪几种？

10. 电流对人体的伤害与哪些因素有关？

11. 什么是安全电压？

12. 触电急救的方法有哪些？如何实施？

参 考 文 献

[1] 张铁. 工程建设机械电器及电控系统 [M]. 东营：中国石油大学出版社，2003.

[2] 赵仁杰. 工程机械电气设备 [M]. 北京：人民交通出版社，2002.

[3] 王惠君. 工程机械电器与电子控制装置 [M]. 北京：人民交通出版社，1999.

[4] 王安新. 工程机械电器设备 [M]. 北京：人民交通出版社，2002.

[5] 王启瑞. 汽车电器与电子设备 [M]. 合肥：安徽科学技术出版社，2000.

[6] 赵建平. 汽车电器设备构造与维修 [M]. 北京：人民交通出版社，2001.

[7] 张建明. 传感器与检测技术 [M]. 北京：机械工业出版社，2008.

[8] 宋健. 传感器技术与应用 [M]. 北京：北京理工大学出版社，2007.

[9] 中华人民共和国能源部. 进网作业电工培训教材 [M]. 沈阳：辽宁科学技术出版社，1993.